AVANT-PROPOS

Le programme officiel du 27 juillet 1882 pour l'enseignement primaire détermine comme il suit le cours moyen d'agriculture et d'horticulture :

« Notions, à propos des leçons de choses et des promenades, sur les principales espèces de sols, les engrais, les travaux et les instruments usuels de culture. »

Conformément à ce programme, les leçons que renferme ce volume sont consacrées successivement aux principaux travaux de culture, au matériel approprié au labour des champs, aux semailles, aux récoltes, etc.; aux engrais, à leur origine et leur emploi; au matériel des écuries, des étables, des porcheries, des bergeries, des basses-cours, de la laiterie. C'est par la méthode descriptive que les auteurs procèdent, comme dans le cours élémentaire, afin de donner des notions générales qui doivent servir de base à l'enseignement plus complet du cours supérieur.

Pour rendre les explications plus saisissantes et pour parler aux yeux des enfants en même temps qu'à leur intelligence, de nombreuses gravures ont été intercalées dans le texte.

AGRICULTURE & HORTICULTURE

COURS MOYEN

PREMIÈRE LEÇON

DÉFINITION ET IMPORTANCE DE L'AGRICULTURE

1. — **L'Agriculture** est *l'art de tirer de la terre, avec économie, la plus grande quantité possible de produits utiles à l'homme.*

Toutes les denrées nécessaires à la nourriture des populations viennent directement ou indirectement du sol ; elles sont toutes végétales ou animales ; de là aussi proviennent la plupart des matières qui servent à faire les vêtements ou à meubler et orner les habitations.

L'agriculture est une des principales branches de l'activité humaine : c'est la plus ancienne.

Elle est née du besoin qu'éprouvent les peuples de pourvoir à leur subsistance.

En effet, comme les produits naturels du sol ne sont pas en quantité suffisante, les hommes les multiplient, en confiant à la terre des graines de *plantes alimentaires :* c'est ainsi que se sont formés les *champs* cultivés.

La chasse et la pêche fournissaient d'abord aux hommes la chair des *animaux comestibles*. Mais les produits en étaient trop limités. De simple pêcheur

COURS COMPLET D'ENSEIGNEMENT PRIMAIRE
rédigé conformément aux programmes du 27 juillet 1882

NOTIONS
D'AGRICULTURE ET D'HORTICULTURE

PAR

J. A. BARRAL
Secrétaire perpétuel
de la Société nationale d'agriculture

H. SAGNIER
Rédacteur en chef
du *Journal de l'Agriculture*

COURS MOYEN

PREMIÈRES NOTIONS D'AGRICULTURE

CONTENANT 110 FIGURES INTERCALÉES DANS LE TEXTE

CINQUIÈME ÉDITION

PARIS
LIBRAIRIE HACHETTE ET Cⁱᵉ
79, BOULEVARD SAINT-GERMAIN, 79

DES MÊMES AUTEURS { COURS ÉLÉMENTAIRE. 1 vol. avec gravures. » 60 c.
COURS SUPÉRIEUR. 1 vol. avec gravures. . 1 fr. 50 c.

COURS COMPLET

D'ENSEIGNEMENT PRIMAIRE

Rédigé conformément aux programmes
du 27 Juillet 1882

OLIVIER DE SERRES
Surnommé le *Père de l'Agriculture française*
Né en 1539, à Villeneuve-de-Berg
Mort en 1619

NOTIONS

D'AGRICULTURE ET D'HORTICULTURE

PAR

<table>
<tr><td>J.-A. BARRAL</td><td>H. SAGNIER</td></tr>
<tr><td>Secrétaire perpétuel
de la Société nationale d'Agriculture</td><td>Rédacteur en chef
du Journal de l'Agriculture</td></tr>
</table>

COURS MOYEN

PREMIÈRES NOTIONS D'AGRICULTURE

CONTENANT 138 FIGURES INTERCALÉES DANS LE TEXTE

CINQUIÈME ÉDITION

PARIS

LIBRAIRIE HACHETTE ET Cie

79, BOULEVARD SAINT-GERMAIN, 79

1889

ou chasseur, l'homme dut se faire pasteur. Il se mit à réunir, à garder et à élever les animaux dont la chair et le lait lui servaient d'aliments. De là la formation des troupeaux d'*animaux domestiques*.

Comme la culture des champs, le transport de leurs produits exigent une plus grande quantité de travail, les hommes se sont adjoint des animaux qu'ils ont dressés à servir de *bêtes de somme*.

2. — Toutes ces transformations se sont faites progressivement à l'aide de procédés inventés peu à peu.

L'agriculture, fondée sur des expériences ou des observations successives, a commencé par être un *art de tradition*, c'est-à-dire un art dont les règles se transmettaient de père en fils dans les familles.

D'abord limitée à la production des plantes propres à la nourriture de l'homme et des animaux domestiques les plus utiles, l'agriculture s'est ensuite étendue à la production des plantes dont les récoltes sont de nature à satisfaire à d'autres besoins : vêtements, habitations, médicaments. Plus tard, elle a compté au nombre de ses objets la nécessité de donner satisfaction à des jouissances de plaisir ou de luxe.

La production des plantes de grande consommation est réservée à l'*agriculture*, et elle se fait sur de grandes surfaces, qu'on appelle des *champs* pour les plantes annuelles ou bisannuelles, des *forêts* ou bien des *vignes* ou des *vergers* pour les plantes arbustives. On réserve le mot d'*horticulture* pour la culture des plantes sur de petites surfaces appelées des *jardins*.

3. — Les tribus primitives, quand elles quittaient

leur ancienne patrie, pour aller s'établir ailleurs, emportaient avec elles les semences des plantes qu'elles cultivaient; elles traînaient à leur suite les troupeaux qui servaient à leur nourriture.

Aussi, *les plantes qu'on cultive dans presque tous les pays sont originaires d'autres contrées.* Ceci est vrai du moins pour la plupart des variétés; il en est de même pour la plupart des animaux domestiques.

Par exemple, la plus grande partie des variétés de *froment* et d'*orge* qui sont cultivées en France viennent d'autres pays.

Le *riz*, la *vigne*, l'*olivier*, le *mûrier*, la *luzerne*, la plupart de nos *légumes* et de nos *arbres fruitiers* viennent de l'Asie.

L'Afrique a fourni à l'Europe le *sarrasin*.

Dans des temps plus récents, nous avons emprunté à l'Amérique le *maïs*, la *pomme de terre*, le *tabac*, sans compter beaucoup de plantes de nos jardins, et d'arbres qui font l'ornement de nos forêts.

4. — C'est ainsi que, pour rendre sa vie plus facile et plus agréable, l'homme a changé les conditions d'existence d'un grand nombre de plantes et d'animaux. Mais, pour en tirer un bon parti, il est nécessaire qu'il consacre à ces plantes et à ces animaux des soins constants et un travail sans relâche.

Les cultivateurs doivent, dans leurs travaux, suivre partout les mêmes règles, sauf les modifications qu'exige la différence des climats, ainsi que cela va être expliqué. Longtemps ces règles ont été peu connues; aujourd'hui on commence à les appliquer méthodiquement.

Par malheur, l'application en est encore trop rare dans quelques parties de la France.

Si le cultivateur ne les suit pas partout, c'est tantôt parce qu'il ne les connait pas, tantôt parce que, les connaissant mal, il les considère comme des nouveautés dangereuses.

5. — Vous comprenez donc combien il vous importe de connaître les règles de la bonne agriculture, afin de pouvoir les appliquer dans les champs.

Disons-le tout de suite : il y a des choses dont le cultivateur ne peut pas être le maître, et qui, dans toutes les circonstances, s'imposent à lui.

Voici les trois principales : 1° la nature des terres qu'il doit travailler ; 2° les caractères du climat dans le pays où il habite ; 3° les débouchés offerts à ses produits.

6. — Vous savez que la nature des terres est très variée. Les terres diffèrent par leur constitution, c'est-à-dire par les éléments dont elles sont formées ; par leur profondeur, c'est-à-dire par l'épaisseur de la couche superficielle dont la nature est uniforme ; par leur situation en plaine, en coteau ou en montagne.

Enfin, le temps depuis lequel on cultive les terres influe aussi sur leur nature et leurs qualités.

On comprend facilement combien pourront être différentes les plantes qu'il s'agit de cultiver, avec avantage, dans des circonstances aussi variables.

7. — Le climat ne dépend pas du cultivateur, qui doit l'accepter avec ses conditions favorables ou défavorables. Ce que l'on appelle le climat résulte des phénomènes de chaleur ou de froid, d'humidité ou

de sécheresse, qui dans une localité caractérisent les saisons.

A cet égard, les diverses plantes ont souvent des besoins tout à fait différents.

Par exemple, le blé pousse dans toutes les parties de la France. Au contraire, il n'y a pas assez de chaleur dans la partie septentrionale du pays pour que la vigne et le maïs y viennent à maturité.

Beaucoup de plantes fourragères se développent mieux dans les régions où le printemps est humide, tandis que, parmi les céréales, l'avoine redoute l'humidité excessive du printemps.

8. — Enfin, on ne cultive pas les champs pour le seul plaisir de faire de belles récoltes, mais pour vendre ces récoltes et pour en retirer le plus d'argent qu'on peut. Le profit doit récompenser le travail.

Le cultivateur doit donc se rendre compte de l'importance des marchés au milieu desquels il se trouve placé. Parmi les végétaux à cultiver ou les animaux à élever, il doit choisir ceux dont il pourra vendre les produits le plus facilement et avec le plus d'avantage.

QUESTIONNAIRE. — Qu'est-ce que l'agriculture? — Quelle est l'origine de la culture des plantes? — Quelle est celle de l'élevage des animaux domestiques? — A quels besoins l'agriculture doit-elle satisfaire? — Quels sont les pays d'où viennent la vigne, la luzerne, le sarrasin, le maïs, la pomme de terre? — Pourquoi les bonnes méthodes de culture ne sont-elles pas usitées partout? — Quelles sont les circonstances dont le cultivateur n'est pas le maître? — D'où vient la variation dans la qualité des terres arables? — Quelle est l'influence du climat sur l'agriculture? — Qu'appelez-vous débouchés? — Quelle en est l'importance?

DEUXIÈME LEÇON

LES SAISONS DANS LES FERMES

9. — A chaque **saison** correspondent, dans la ferme, des *travaux* différents. Les saisons ne commencent pas, pour les travaux des champs, aux dates précises indiquées par le calendrier. Nous n'avons à nous occuper ici que de leur influence sur les opérations agricoles dans les diverses parties de la France.

Pour l'agriculteur de nos climats, les mois de *décembre*, de *janvier* et de *février* constituent l'**hiver**.

Les mois de *mars*, d'*avril* et de *mai* forment le **printemps**.

Les mois de *juin*, de *juillet* et d'*août* forment l'**été**.

Les mois de *septembre*, d'*octobre* et de *novembre* forment l'**automne**.

10. — Les travaux à exécuter dans les champs peuvent se diviser en quatre grandes catégories : *préparation de la terre*, *semailles* ou *plantation* des plantes cultivées, *soins de culture*, *récolte* et *préparation* des produits. Ces travaux sont répartis entre les diverses saisons.

C'est en *automne* et en *hiver* que l'on pratique principalement les *labours*, qu'il s'agisse de défricher des terres incultes, ou de préparer une terre qui a donné une récolte à en porter une autre. C'est en automne aussi que se font les *semailles* des graines qui doivent germer et lever avant l'hiver. C'est pendant l'hiver que l'on s'occupe à créer de nouveaux *chemins*, à entretenir les anciens, à *tailler les arbres*, etc. Pour faire ces opérations, on profite des jours les plus beaux et les plus secs.

11. — Au *printemps*, on achève les labours et on sème la plupart des plantes annuelles. Pendant les mois de mars et d'avril, le cultivateur a des travaux urgents à exécuter; de la manière dont il les exécute dépend le succès de la plupart de ses cultures.

Lorsque les mûriers se couvrent de feuilles, on

FIG. 1. — La ferme.

met à l'éclosion les œufs des vers à soie et l'on commence les travaux des magnaneries.

Les dernières semaines du printemps donnent au cultivateur quelques journées de repos. Avec l'été arrivent les travaux de *récolte*, qui suivent de près les *soins de culture;* les soins de culture ont pour objet de débarrasser les plantes des mauvaises herbes, qui tendent toujours à envahir les champs cultivés.

12. — Une *coupe* des *fourrages* est la première des opérations de récolte de l'*été*. Pendant quelque temps, tous les efforts des agents de la ferme sont employés à faucher, à sécher les fourrages, à les mettre en meules ou à les rentrer dans les greniers.

La *moisson* des céréales vient ensuite. Elle commence généralement, dans le midi de la France, avec le mois de juin ; elle ne s'achève dans le nord qu'au mois d'août, un peu plus tôt ou un peu plus tard, suivant que la saison est plus ou moins favorable.

La moisson terminée, après un intervalle de quelques semaines dont on profite pour faire des labours, on procède à la *cueillette des fruits*. C'est le moment des *vendanges* dans les pays de vignobles, de la récolte des *pommes* dans les pays à cidre, de la cueillette du *houblon* dans les pays du nord, tandis que, un peu plus tard, vient l'époque de la cueillette des *olives* dans les pays méridionaux.

13. — Pendant l'*automne* aussi, on *arrache* les *pommes de terre*, les *betteraves à sucre*, les plantes cultivées pour leurs *racines*, telles que les carottes et les navets. Aussitôt que ces récoltes sont achevées, on reprend, dans les champs vidés, les travaux de labour pour faire de nouvelles semailles. On exécute aussi à l'automne la dernière coupe des prairies.

Les opérations de la culture des champs sont donc bien déterminées ; mais le succès dépend des circonstances de la saison, trop souvent contraires aux souhaits du cultivateur. Parfois celui-ci est obligé de retarder ses labours, ses semailles, ou même ses récoltes. Il doit lutter contre les circonstances défavorables, sans oublier qu'il vaut mieux différer un travail, quelque important qu'il soit, que de l'exécuter dans de mauvaises conditions. *Les travaux mal exécutés profitent peu;* souvent ils peuvent devenir la cause de véritables insuccès.

QUESTIONNAIRE. — Indiquez la division de l'année en saisons, au point de vue des travaux agricoles? — En combien de catégories divise-t-on les principaux travaux agricoles? — Quelles sont les opérations à exécuter pendant l'hiver; — pendant le printemps; — pendant l'été; — pendant l'automne? — Quelle est l'influence des circonstances climatologiques des saisons sur l'exécution des travaux agricoles?

MAXIMES AGRICOLES

Répartir convenablement les travaux, de manière à les exécuter le mieux possible, c'est le propre du bon cultivateur.

En agriculture, il n'y a pas de petite économie.

Rarement la terre est mauvaise, mais trop souvent elle est mal utilisée.

L'horticulture a fourni à l'agriculture moderne un grand nombre des progrès que celle-ci a réalisés.

TROISIÈME LEÇON

LES LABOURS. — LEUR IMPORTANCE

14. — Le *labourage* est la première opération de l'agriculture.

On appelle **labours** des *travaux qui ont pour but d'émietter, c'est-à-dire d'ameublir la partie supérieure de la terre arable.* Ils ont aussi pour objet *d'enfouir les engrais* dans le sol, de *détruire les mauvaises herbes* qui se développent à la surface.

Le principal *but* du labour est, en émiettant la terre, de permettre aux *racines* des plantes cultivées de s'y développer facilement ; de *mélanger* dans toute la masse les *engrais*, de telle sorte que les racines trouvent toujours à proximité la nourriture qui leur convient ; de *permettre à l'air*, qui est indispensable à la végétation, de *circuler dans la terre* où se développent les plantes.

15. — Grâce aux labours, les racines absorbent facilement les principes utiles aux plantes que la terre elle-même renferme. *Les labours améliorent donc le sol au profit des plantes cultivées.* Cet avantage s'ajoute à celui qui résulte de l'émiettement de la terre arable.

Les labours sont exécutés *à la main* ou avec des *instruments* traînés par des bêtes de somme ; les autres moteurs, machines à vapeur ou électriques, ne sont encore qu'exceptionnellement employés pour la culture de la terre.

Les outils à main employés pour labourer sont

la *bêche* et la *houe*, que vous connaissez déjà.

Le travail marche lentement avec ces outils ; la bêche est aujourd'hui presque exclusivement réservée aux travaux du jardin ; quant à la houe, son emploi est encore général dans beaucoup de vignes, mais il est réservé à ces cultures. En effet, si, dans une exploitation rurale, il fallait labourer les champs à la bêche ou à la houe, les travaux ne seraient jamais achevés en temps utile. C'est pourquoi on emploie des instruments conduits par des animaux, tels que le cheval, le bœuf, la vache, le mulet ou la mule, l'âne.

16. — La *profondeur* des labours varie beaucoup. Jadis, on se contentait de gratter la partie supérieure du sol, à la profondeur de quelques centimètres. C'est encore ce qui se pratique chez les peuples barbares, notamment chez les Arabes en Algérie. Les agriculteurs français savent aujourd'hui qu'il faut en général *labourer profondément pour obtenir de bonnes récoltes.*

Suivant la profondeur qu'ils atteignent, les labours sont dits *labours superficiels, labours ordinaires, labours profonds.*

17. — Les **labours superficiels** sont ceux dont la profondeur ne dépasse pas 10 centimètres. Ces labours ont pour objet de *détruire les mauvaises herbes,* ou d'*enfouir les engrais* réduits en poudre, ou de *recouvrir les semences,* ou enfin d'*enlever les chaumes* qui restent après la coupe des céréales.

Dans ce dernier cas, on appelle ces opérations des *labours de déchaumage.*

Les **labours ordinaires** atteignent une profondeur de 15 à 20 centimètres. On doit les *exécuter après et avant chaque récolte*, en nombre variable suivant la nature de la terre, suivant la récolte que le champ a portée, suivant celle qu'il est destiné à recevoir. Ce sont ceux qui sont faits le plus communément par les cultivateurs ; *de leur bonne exécution dépend, en partie, le succès des récoltes.*

18. — Les **labours profonds** sont ceux dont la profondeur dépasse 20 centimètres. Ils ont pour effet d'*accroître* la couche ameublie dans laquelle plongent les racines des plantes, par conséquent d'*augmenter la puissance productive* des champs. En effet, si les racines trouvent une couche remuée et aérée dans laquelle elles pénètrent facilement, elles s'y développent avec vigueur, et toutes les parties de la plante profitent de cette expansion des racines. Au contraire, si les racines rencontrent un sol dur, elles ne peuvent y pénétrer, et l'arrêt de leur développement entraîne celui du développement de la tige.

En outre, les plantes qui croissent dans des terres labourées profondément, ont beaucoup moins à redouter les effets des excès de *sécheresse* ou d'*humidité*.

Enfin, les labours profonds attaquent et détruisent les plantes nuisibles à racines vivaces que les labours ordinaires ne peuvent souvent atteindre qu'imparfaitement.

Les labours profonds sont parfois appelés *labours de défoncement.*

19. — Si l'on considère les labours au point de

vue de la **forme** qu'ils donnent à la surface du champ, on les divise en *labours en billons, labours en planches, labours à plat.*

FIG. 2. — Champs labourés en billons, en planches et à plat.

Dans les labours en billons, le champ est partagé en bandes de terre bombées, étroites, séparées par des rigoles profondes.

Les labours en planches ont pour effet de diviser

le champ en bandes de terre d'une largeur variable, séparées par des raies moins profondes que pour les billons.

Dans les **labours à plat,** la surface du champ est nivelée aussi complètement que possible.

La figure 2 vous montre la forme de champs labourés en billons, en planches et à plat.

20. — Pour être profitables, les *labours doivent être exécutés aux saisons convenables.*

La condition indispensable du succès est que la terre se trouve dans un état moyen d'*humidité.*

Quand le sol est trop humide, il se forme en *grosses mottes* et ne s'ameublit pas, et le labour n'atteint pas son but principal.

Si, au contraire, le sol est trop sec, il oppose souvent une très grande résistance aux instruments, ou bien il se pulvérise à l'excès, et ne forme qu'une poussière sans consistance.

QUESTIONNAIRE. — Qu'appelle-t-on labour? — Quel est le but des labours? — Comment les labours peuvent-ils améliorer la terre? — Comment exécute-t-on les labours? — Quelle est l'importance de la profondeur des labours? — Comment divise-t-on les labours au point de vue de la profondeur? — Qu'appelez-vous labours superficiels? — labours ordinaires? — labours profonds? — Qu'est-ce qu'un labour en billons? — un labour en planches? — un labour à plat? — Quand les labours doivent-ils être exécutés? — Quelle est l'influence du temps sur les labours?

MAXIME AGRICOLE

Doubler la profondeur du sol vaut mieux qu'en doubler l'étendue.

QUATRIÈME LEÇON

CHARRUES

21. — La **charrue** est l'instrument dont on se sert pour exécuter les labours.

C'est l'instrument essentiel du cultivateur ; il est désigné sous des noms divers : *araire, areau, charrue,* suivant les pays.

L'ouverture faite dans la terre par la charrue est appelée *sillon.*

Les *sillons* bien faits sont *droits, également profonds* dans toute leur longueur.

Ces qualités dépendent de l'habileté du laboureur.

La *largeur* du sillon varie avec la largeur du soc combinée avec celle du versoir. Les sillons étroits divisent mieux la terre que les sillons larges ; c'est pourquoi ils sont généralement préférés. Il est surtout important, dans les terres fortes, que les sillons n'aient pas une trop grande largeur.

Le laboureur habile évite de s'arrêter pendant qu'il trace un sillon. Il fait reposer son attelage seulement aux extrémités du champ. C'est une excellente précaution pour assurer à la fois la direction régulière et la profondeur uniforme des sillons.

22. — Jadis informe, faite d'un bois dur muni d'une lame ou soc en fer, la charrue est devenue un instrument perfectionné, qui, avec une dépense de force beaucoup moindre, accomplit un meilleur travail.

Les principales parties de la charrue la plus ordinaire sont (fig. 3) l'*age*, le *coutre*, le *soc*, le *versoir*, le *sep*, les *manches* ou *mancherons*, le *régulateur*.

23. — L'age forme la charpente de la charrue ; c'est une pièce horizontale E, en bois ou en fer, sur laquelle sont fixées les autres parties de l'instrument. L'age est droit ou cintré.

Le **coutre**, GH, couteau fixé sur l'age, est

FIG. 3. — Charrue simple.

destiné à couper verticalement la bande de terre.

Le **soc**, C, est un couteau placé horizontalement au-dessous de l'age, auquel il est fixé par sa partie supérieure ; il entre dans le sol, et coupe horizontalement, quand la charrue est en marche, une bande de terre égale à sa largeur.

Le **sep**, A, pièce de bois ou de fer, placée derrière le soc, glisse au fond du sillon, en appuyant dessus.

24. — Le **versoir**, D, est une pièce métallique, placée derrière le soc, conformée et disposée de manière à rejeter sur le côté du sillon, en la retournant, la bande de terre coupée par le soc et la coutre.

FIG. 4. — Araire attelé de deux chevaux.

Les **manches** ou **mancherons**, F, sont deux pièces

FIG. 5. — Charrue à avant-train.

inclinées fixées à l'arrière de l'age ; c'est à l'aide des mancherons que le laboureur conduit la charrue.

Le **régulateur**, KJ, est une pièce fixée à l'avant de l'age, glissant dans une mortaise, et qui sert à élever ou à abaisser la ligne de tirage ou bien à la porter plus à droite ou plus à gauche, suivant que l'on veut faire pénétrer le soc plus ou moins profondément dans le sol, ou bien encore selon qu'on veut creuser un sillon plus ou moins large.

25. — Les charrues les plus employées peuvent

Fig. 6. — Charrue flamande à avant-train.

être classées en deux grandes catégories : les charrues sans avant-train (fig. 4), appelées aussi araires, et les charrues à avant-train (fig. 5 et 6).

L'**avant-train** (fig. 6) se compose de deux roues réunies par un essieu. L'extrémité antérieure de l'age est fixée à l'essieu, lequel porte le régulateur. Dans beaucoup de charrues à avant-train, le régulateur est plus compliqué que dans la charrue simple.

La charrue à avant-train demande, pour exécuter le même travail, plus de force que la charrue simple;

FIG. 7. — Labourage avec la charrue à avant-train.

mais elle présente l'avantage d'exiger moins d'habileté chez le laboureur.

On construit des charrues à avant-train qui, une fois réglées, demeurent fixes et stables dans la disposition de leurs divers organes, quelle que soit la profondeur du labour. C'est ce qu'on appelle des charrues *fixes* (fig. 8).

L'avant-train est parfois remplacé par une simple petite roue ou rouelle en fer (fig. 9), ou même par

FIG. 8. — Charrue fixe de Dombasle.

un sabot comme on le voit dans le binot flamand (fig. 31, page 49).

26. — Le type de charrue appelé *charrue Dombasle* est celui qui a servi de modèle pour la plupart des charrues modernes.

La charrue ordinaire *retourne* toujours du même côté la terre du sillon. Par conséquent, lorsqu'un sillon a été tracé, le laboureur doit revenir à l'extrémité du champ d'où il est parti, pour faire un deuxième sillon à côté du premier ; s'il veut revenir

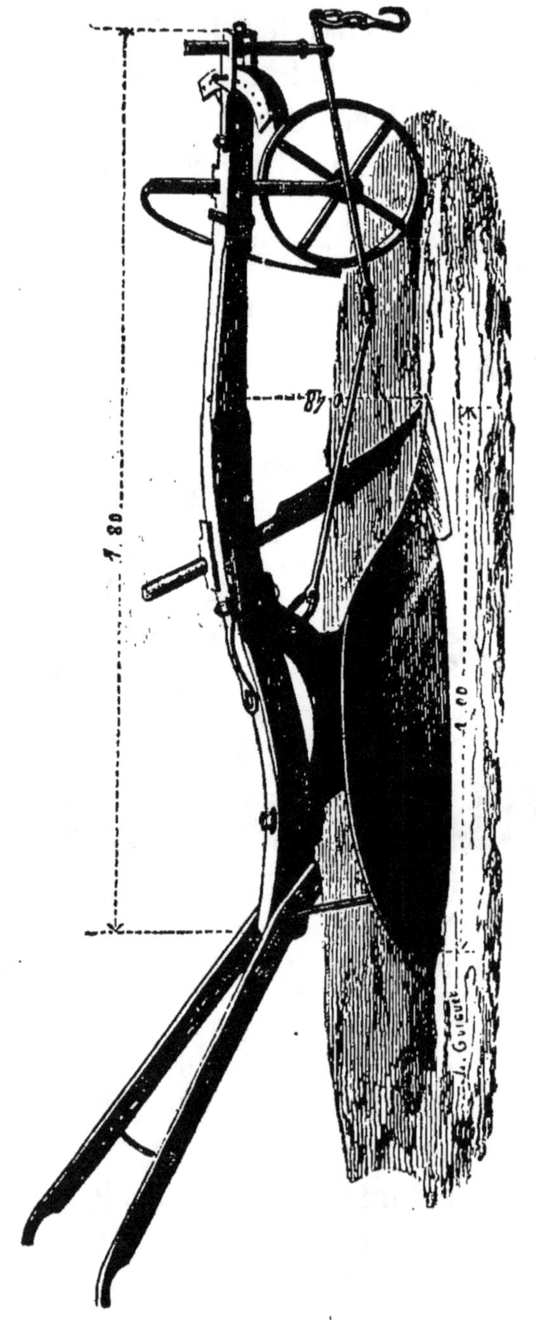

FIG. 9. — Charrue munie d'une petite roue en fer

en travaillant, il faut qu'il trace son sillon à une

certaine distance du premier, afin de ne pas rejeter dessus la terre retournée.

Pour éviter les inconvénients de ces pertes de temps, on a imaginé les charrues **tourne-oreilles**. Ce sont des charrues dans lesquelles le soc et le versoir peuvent *basculer* autour de l'age. Elles peuvent donc renverser alternativement la terre du sillon de gauche à droite ou de droite à gauche. Avec ces char-

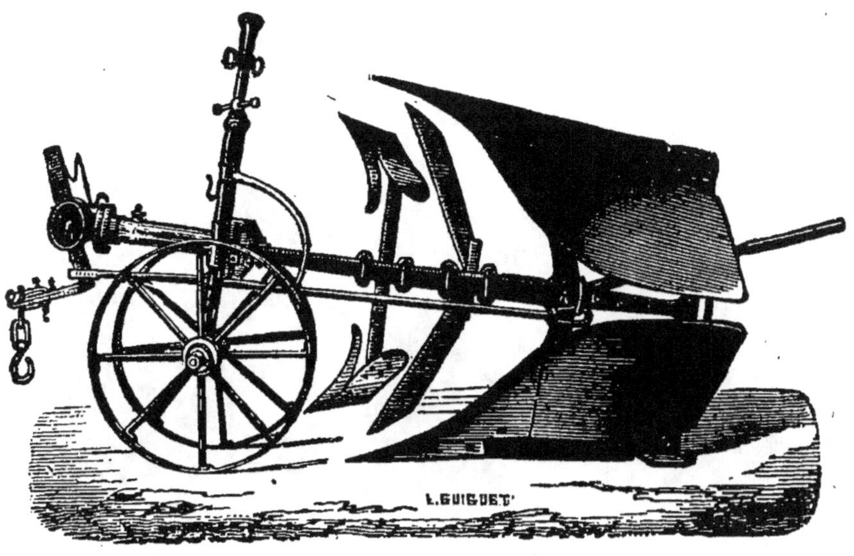

FIG. 10. — Charrue brabant double.

rues, on peut tracer côte à côte, en allant et en revenant, des sillons dont la terre est retournée dans le même sens.

La charrue tourne-oreilles est souvent remplacée par la *charrue brabant double* (fig. 10). Cette charrue est formée par deux corps de charrue montés sur le même age, dans un plan vertical. La figure 11 montre comment on laboure avec la charrue **brabant double**.

FIG. 11. — Labourage avec la charrue brabant double.

27. — L'invention des **charrues à plusieurs socs**
a permis d'économiser du temps pour les labours
superficiels et pour les labours ordinaires dans les
terres faciles à travailler.

Dans la *charrue bisoc* (fig. 12), l'age est remplacé
par un bâti en bois ou en fer, portant deux corps
de charrue. On peut, avec cette charrue, tracer à la
fois deux sillons parallèles.

Fig. 12. — Charrue bisoc.

La *charrue trisoc* est munie de trois socs et trace
à la fois trois sillons.

28. — Les charrues **fouilleuses** sont (fig. 13) des
charrues sans versoir et dont le soc est en forme de
coin allongé. Ces charrues servent à remuer et à
émietter le sous-sol, lorsqu'on ne veut pas le rame-
ner à la surface.

On les fait avancer dans le sillon tracé par la charrue ordinaire. Lorsque celle-ci trace le sillon suivant,
elle renverse la terre arable par-dessus le sous-sol
ameubli par la fouilleuse et l'on a l'avantage d'un

labour plus profond sans mélanger la terre arable supérieure avec celle du sous-sol.

Fig. 13. — Type de charrue fouilleuse.

29. — Dans quelques pays, les travaux de labour des vignobles se font à la charrue.

La charrue qui sert pour les vignes porte le nom

de **charrue vigneronne** (fig. 14). Elle doit être construite de manière à présenter peu de largeur, afin que l'on puisse faire le travail sans froisser et sans blesser les bourgeons ou les sarments.

La même précaution doit être prise pour l'*attelage* (fig. 15). Le plus souvent, la charrue est traînée par un cheval, par une mule, ou par un bœuf, dont les harnais sont réduits au strict nécessaire.

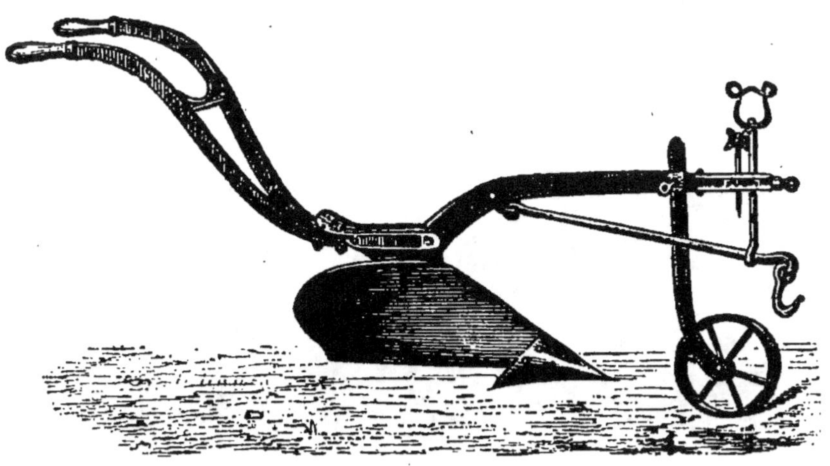

Fig. 14. — Charrue vigneronne.

30. — Les charrues sont ordinairement traînées par des *chevaux* (fig. 11) ou par des *bœufs* (fig. 16). Les bœufs marchent plus lentement, mais ce sont les animaux dont le travail coûte le moins cher, car ils conservent leur valeur d'animaux de boucherie.

Le *nombre* des animaux qui doivent être attelés à la charrue dépend de la *nature de la terre* et de la *profondeur du labour*. Il varie depuis deux jusqu'à huit ou dix chevaux dans les labours de défoncement.

La quantité de travail que l'on peut faire avec une

charrue varie de 35 à 60 ares par jour, suivant la nature du sol, la profondeur du labour et le système de charrue qu'on emploie.

On peut cultiver les champs avec des charrues mues par la *vapeur* ou même par l'*électricité*. Dans l'état présent des choses, ce système n'est applicable que dans des champs vastes et en plaine. En Amérique, on se sert avec avantage de charrues munies d'un siège pour le conducteur.

FIG. 15. — Attelage de la charrue vigneronne

Mathieu de Dombasle.

31. — Mathieu de Dombasle, qui a transformé l'ancienne charrue, est né à Nancy, en 1778. Il se livra de bonne heure aux études agricoles, et il s'appliqua, avec une grande ardeur, à perfectionner les industries qui se rattachent à la culture de la terre.

En 1822, il fut appelé à diriger la ferme de Roville, dans la vallée de la Moselle, entre Nancy et Épinal. Frappé de l'imperfection des outils aratoires en usage chez tous les cultivateurs, il chercha pendant longtemps quelle forme leur convenait le mieux. Il fit venir de Belgique et d'Allemagne des modèles de quelques instruments qui y avaient acquis de la réputation. Il les perfectionna, et créa à Roville la première fabrique d'instruments agricoles qui ait existé en France.

Bientôt, pour recevoir les élèves que sa réputation croissante attirait, il fonda à Roville une école d'agriculture. C'est aussi la première école qui ait été, en France, consacrée à l'enseignement des sciences agricoles. De Roville sont sortis un grand nombre d'agriculteurs qui ont propagé partout les enseignements qu'ils y avaient reçus.

Malgré les services qu'il rendait, Mathieu de Dombasle ne fut pas toujours heureux. Mais du moins, grâce à ses élèves, aux instruments qu'il a créés, à ses nombreux écrits, il a exercé une grande influence sur les progrès de l'agriculture française.

Il est mort en 1842, entouré du respect de tous. La ville de Nancy lui a érigé une statue.

QUESTIONNAIRE. — Qu'est-ce que la charrue ? — Qu'appelez-vous sillon ? — Quelles sont les principales pièces de la charrue ? — Donnez la description de l'age ; — du coutre ; — du soc ; — du sep ; — du versoir ; — du régulateur ; — des mancherons. — Qu'appelez-vous araire ? — charrue à avant-train ? — Décrivez la forme de l'avant-train. — Qu'appelez-vous charrue tourne-oreilles ? — Quel en est l'emploi ? — Qu'appelez-vous charrue brabant ? — Qu'est-ce qu'une charrue bisoc ou trisoc ? — Qu'est-ce qu'une charrue fouilleuse ? — Comment fonctionne-t-elle ? — Qu'appelez-vous charrue vigneronne ? — De quelles conditions dépend le travail des charrues ? — Quelles sont les conditions d'un bon labour ?

EXERCICE. — Racontez brièvement la vie de Mathieu de Dombasle.

FIG. 16. — Charrue attelée de deux bœufs.

CINQUIÈME LEÇON

HERSES, ROULEAUX, EXTIRPATEURS

32. — La surface d'un champ qui vient d'être labouré est hérissée de grosses *mottes* provenant des bandes de terre que la charrue a soulevées et retournées.

Pour que la terre soit bien émiettée, il importe que ces mottes soient *désagrégées*.

FIG. 17. — Rouleau brise-mottes.

On obtient ce résultat à l'aide des **rouleaux** et des **herses.**

33. — Les *rouleaux* sont des cylindres unis ou garnis d'aspérités. Par suite du mouvement de traction, le cylindre tourne autour de son axe et appuie sur le sol.

Autrefois on se servait de rouleaux en bois, dont l'action était presque toujours insuffisante. Au bois on peut substituer la pierre. Aujourd'hui on se sert surtout de rouleaux en fer.

Le rouleau le plus estimé est le rouleau *brise-mottes*, dit *Crosskill*, du nom de son inventeur. Ce rouleau se compose (fig. 17) d'une série de disques en fer, à dents saillantes, montés sur un même axe. Il agit à la fois par son poids et par ses dents pour briser les mottes. Suivant ses dimensions, il est traîné sur le champ labouré par un ou plusieurs chevaux.

Quand on agit sur des terres peu tenaces, on rem-

FIG. 18. — Herse triangulaire.

place le rouleau brise-mottes par le *rouleau plombeur*. C'est un rouleau creux, en fonte, roulant sur un axe. Lorsqu'il a une grande longueur, il peut être divisé en deux ou trois segments. C'est surtout par son poids qu'il agit sur la terre à niveler ou à tasser à la surface.

34. — Les **herses** servent surtout à émietter les petites mottes de terre ; on les emploie également pour extirper les mauvaises herbes, enlever les cailloux, et enfin recouvrir les graines semées.

Les *herses* sont formées par des *châssis munis de dents droites ou recourbées*, parfois tranchantes. Les dents doivent être disposées de manière à tracer des *raies parallèles*, et à ne pas marcher les unes derrière les autres.

Elles doivent être assez espacées pour ne pas s'engorger. Le point d'attache de la chaîne d'attelage doit être combiné de telle sorte que la herse marche bien parallèlement à la surface du sol.

35. — Les anciennes herses se composent d'un bâti *triangulaire* en bois (fig. 18) sur lequel sont

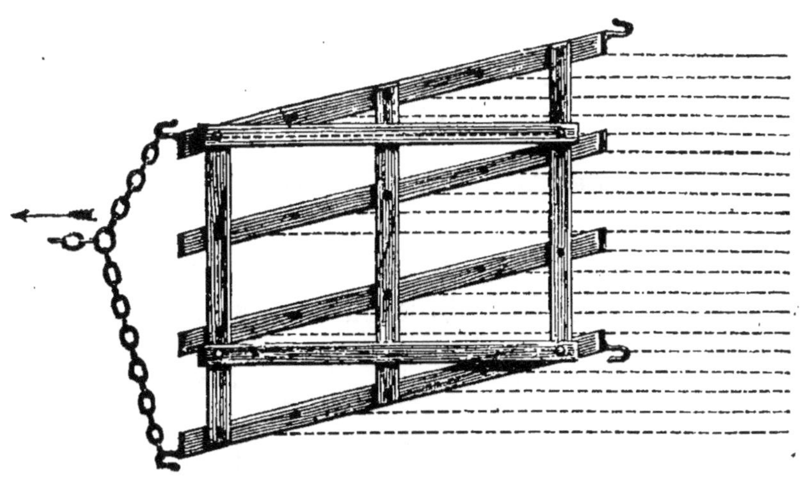

FIG. 19. — Herse dite de Valcourt.

fixées des dents en bois, et qui s'attelle par une de ses pointes.

La herse *à losange* dite de *Valcourt* (fig. 19), formée par un bâti à quatre faces, avec deux traverses parallèles, et des dents de fer, a été un premier progrès. Ces herses s'attellent par une chaîne près d'un de leurs angles.

Les *herses à bâti en fer* sont les meilleures : elles pèsent davantage et sont plus solides. Les

herses articulées (fig. 20 et 21) sont formées par des châssis indépendants, reliés à une seule barre

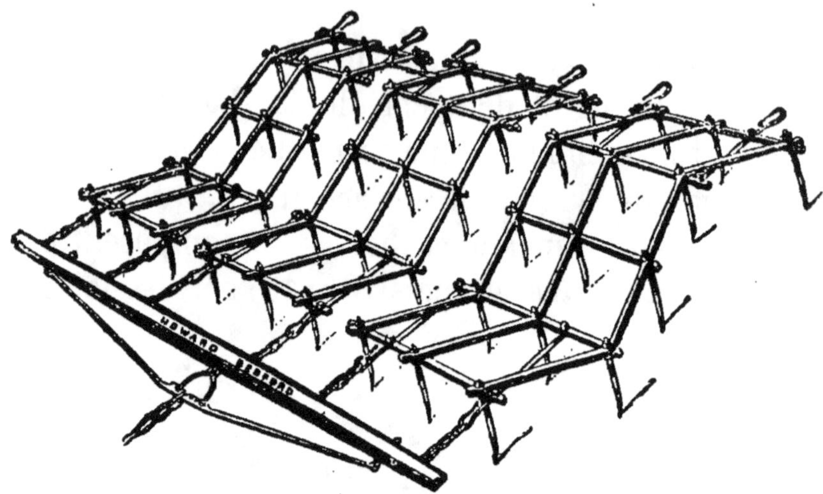

FIG. 20. — Herse articulée en fer.

d'attelage, et travaillant isolément de manière à suivre toutes les inégalités du sol.

FIG. 21. — Herse articulée pour les billons.

36. — On peut faire travailler les herses à dents recourbées soit en *accrochant*, c'est-à-dire en faisant

marcher les dents avec la pointe en avant, soit en *dé-crochant*, c'est-à-dire avec les pointes des dents tournées en arrière. La première méthode est pré-

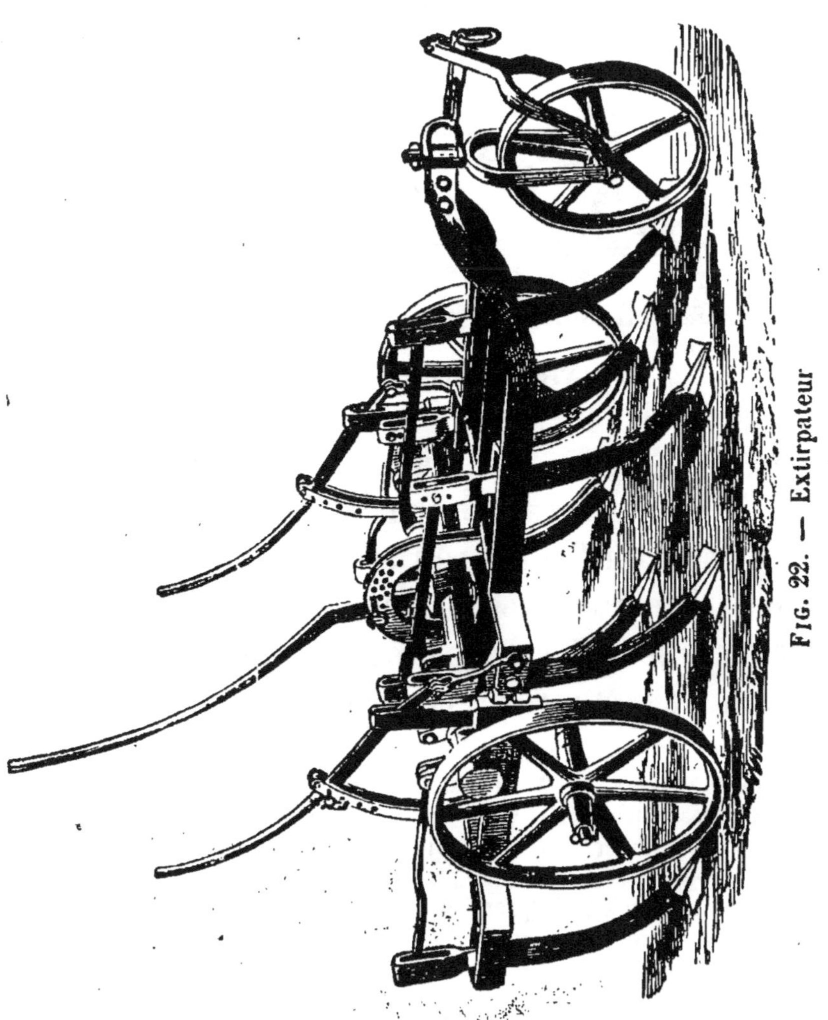

FIG. 22. — Extirpateur

férable pour extirper les mauvaises herbes et enlever les pierres.

Quand on transporte les herses dans les champs, on les place sur un petit *chariot* ou *traîneau* muni de roulettes (fig. 23). Sans cette précaution, leurs dents détérioreraient les routes.

37. — Pour exécuter les labours superficiels, qui ont pour but de débarrasser la terre des mauvaises herbes, ou d'enlever le chaume d'une céréale cou-

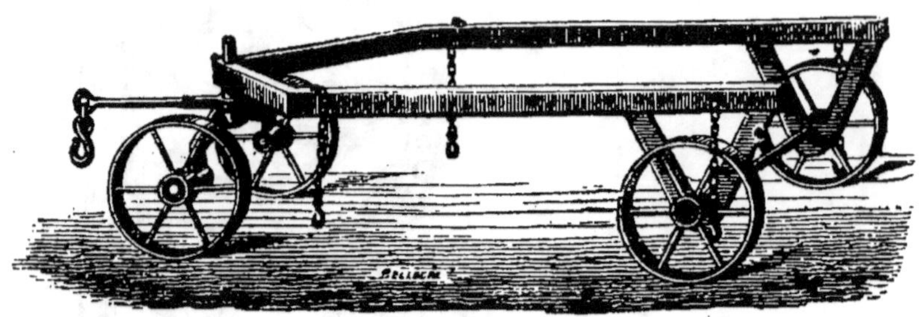

FIG. 23. — Traîneau pour le transport des herses.

pée, on remplace la charrue par un instrument spécial appelé **extirpateur** ou **scarificateur** (fig. 22).

Il est formé d'un bâti soutenu sur trois petites roues, et portant des socs minces ou des couteaux à pointes recourbées, appelés dents, qui pénètrent dans le sol et en retournent la partie superficielle.

QUESTIONNAIRE. — Quelle est l'utilité de l'emploi des rouleaux dans les champs cultivés? — Qu'est-ce qu'un rouleau brise-mottes? — un rouleau plombeur? — A quoi servent les herses? — Comment construit-on les herses? — Qu'appelez-vous herse de Valcourt? — herse articulée? — Quand dit-on qu'une herse fonctionne en décrochant ou en accrochant? — Quelle est l'utilité du traîneau à herse? — Qu'est-ce qu'un extirpateur? — Quel en est l'usage?

SIXIÈME LEÇON

LES SEMAILLES

38. — On fait les **semailles** à la main ou avec des instruments spéciaux.

Les semailles à la main se font soit à la volée, soit au plantoir.

On pratique les semailles à la *volée* surtout pour les graines de céréales et celles de plantes fourragères. Le semeur (fig. 24), marchant d'un pas mesuré, jette méthodiquement autour de lui les graines, par un mouvement cadencé du bras. Les graines répandues sur le sol sont recouvertes par un coup de herse.

39. — Pour semer au *plantoir*, on fait, en suivant des lignes tracées d'avance sur le champ, des trous appelés *poquets*, où l'on dépose la graine que l'on recouvre ensuite de terre. On peut se servir du rayonneur (fig. 25) pour tracer ces lignes. C'est la méthode usitée pour les haricots, les fèves, etc.

Quant aux pommes de terre, on les plante soit à la charrue, soit à la houe. Avec la *charrue*, on trace une raie dans laquelle les tubercules sont placés entiers ou par morceaux, que l'on recouvre par un deuxième labour. Avec la *houe*, on creuse des trous qu'on remplit par un deuxième coup de houe, lorsque le tubercule y a été déposé.

40. — Les instruments spéciaux pour semer mécaniquement les graines sont les **semoirs.**

Le semoir présente plusieurs avantages. Avec cet instrument, le travail se fait plus rapidement ;

FIG. 21. — Semaille à la volée et hersage.

on économise la semence, et on assure aux plantes une plus grande vigueur. Il en résulte que le rendement des céréales est notablement plus élevé et

FIG. 25. — Rayonneur pour tracer les lignes des semis.

surtout plus régulier que lorsqu'on sème à la volée. Le semoir est un des instruments dont beaucoup de

FIG. 26. — Semoir à brouette.

cultivateurs n'apprécient pas suffisamment la grande importance.

Le semoir le plus simple est le *semoir à brouette*

(fig. 26). Il se compose d'un bâti de brouette portant une trémie dans laquelle on place la graine. Au fond de la trémie tourne une petite roue à godets dont les cuillers saisissent la graine, pour la jeter dans un petit tube qui la déverse sur le sol. Le mouvement est transmis à la roue à godets par une corde qui s'enroule sur l'essieu de la roue de la brouette.

Fig. 27. — Semoir à cheval.

41. — Les *semoirs à cheval* (fig. 27) sont plus grands et plus compliqués.

Sur l'axe de deux roues est placée une longue caisse qui reçoit le grain. Cette caisse est traversée par un arbre muni de disques portant de petites cuillers. L'arbre tournant sur lui-même, au moyen d'un engrenage mis en mouvement par les roues qui portent le semoir, les cuillers se remplissent de graines, et les font tomber dans des tubes verticaux et articulés qui se terminent près du sol.

On peut varier la vitesse de l'arbre, et par suite la quantité de semence que l'instrument répand. Suivant ses dimensions, le semoir est conduit par un attelage d'un ou de deux chevaux.

42. — Aux semoirs se rattachent les *distributeurs d'engrais*. Ce sont des instruments destinés à répandre sur le sol les engrais en poudre.

Ils se composent généralement d'une caisse montée sur deux roues et traversée par un arbre muni de palettes. Le jeu de ces palettes fait sortir l'engrais soit par des tubes, soit par des ouvertures pratiquées à la partie inférieure de la caisse.

Grâce à ces instruments, on peut déterminer avec précision la quantité d'engrais que l'on répand dans un champ.

QUESTIONNAIRE. — Comment exécute-t-on les semailles dans les champs? — Qu'appelle-t-on semailles à la volée? — semailles au plantoir? — Comment sème-t-on à la charrue? — à la pioche ou à la houe? — Décrivez le semoir à brouette. — Comment construit-on le semoir à cheval? — Qu'appelez-vous distributeurs d'engrais? — Quelle est l'utilité de ces instruments?

MAXIME AGRICOLE.

La première condition pour obtenir des produits abondants est de faire de bonnes semailles.

SEPTIÈME LEÇON

SARCLAGES ET BUTTAGES

43. — Toutes les plantes cultivées n'exigent pas les mêmes soins pendant leur croissance. Il en est quelques-unes qui se développent et viennent à maturité presque sans qu'on ait à s'en occuper après les semailles. Mais c'est le petit nombre.

Pour la plupart des plantes, il faut, dans les champs comme dans les jardins, faire des travaux de *binage* et de *sarclage*, afin d'émietter ou d'ameublir le sol et de détruire les plantes nuisibles. Pour quelques-unes, il est important que la terre soit relevée autour des tiges; c'est ce qu'on appelle *butter*, faire un *buttage*.

44. — On se sert généralement de la **houe** pour opérer les travaux de *binage* et de *sarclage*. Mais c'est un labeur pénible que de biner avec la houe à main; le travail est lent, et exige un grand nombre de bras, si l'on veut qu'il soit achevé en temps voulu.

La **houe** ou **bineuse à cheval** est destinée à remplacer la houe à main.

Elle se compose (fig. 28) d'un bâti en fer monté sur deux roues, et portant un certain nombre de lames recourbées à leur partie inférieure, qu'on appelle des *couteaux* ou des *rasettes*. Ces lames servent à ameublir la surface du sol et à couper les mauvaises herbes.

On doit construire la houe de telle sorte que les lames soient *mobiles* sur le bâti qui les porte, pour qu'on puisse les écarter ou les rapprocher à volonté, suivant que les lignes des plantes sont plus ou

FIG. 28. — Houe à cheval.

moins écartées. En effet, toutes les plantes ne sont

pas semées à un écartement semblable, et la houe doit
pouvoir servir pour toutes les natures de récoltes.
Quand on cultive
des céréales, on
ne peut effectuer
les binages que
dans les champs
où les semailles
ont été faites en
lignes avec le se-
moir mécanique.
Les avantages des
semailles en li-
gnes ressortent
encore ici.

Il est impor-
tant que *la houe
soit conduite avec
beaucoup d'habi-
leté ;* à la moin-
dre déviation les
lames attaquent
et coupent les
plantes cultivées,
au lieu de détruire
les mauvaises
herbes.

45.—Pour faire
les *buttages* à la
main, on se sert de la **pioche**.

Afin d'accélérer le travail, on a imaginé des in-

FIG. 29. — Buttoir.

struments spéciaux qui portent le nom de **buttoirs**.

Un buttoir affecte la forme générale d'une charrue sans avant-train, souvent munie d'une petite roue à la partie antérieure de l'age. Il diffère de la charrue en ce qu'il est muni (fig. 29) de *deux versoirs placés dos à dos*, de chaque côté du soc.

46. — Grâce à cette disposition, lorsque le buttoir avance entre deux lignes de plantes, il creuse un sillon au centre de l'espace qui les sépare, et il rejette la terre à droite et à gauche, de manière à garnir la partie inférieure des tiges, et à *former de véritables buttes* au-dessus desquelles les plantes continuent à pousser.

Entre les deux versoirs (fig. 30) sont placées des

FIG. 30. — Versoirs de buttoir.

charnières qui permettent d'en faire varier l'écartement.

Les buttoirs peuvent ainsi tracer des sillons plus ou moins larges, selon la distance qui sépare les lignes de plantes.

47. — En Flandre, on se sert d'un buttoir spécial (fig. 31) appelé *binot*.

Il est construit à peu près de la même manière que le buttoir ordinaire, avec cette différence qu'il est muni, en avant des versoirs ou oreilles, d'un soc analogue à celui des charrues fouilleuses (fig. 13, page 29), qui ameublit la terre avant qu'elle soit versée à droite et à gauche.

QUESTIONNAIRE. — Quelle est l'utilité des travaux de binage et de sarclage? — Avec quel instrument fait-on les binages à la main? — Qu'est-ce qu'une bineuse à cheval? — Quelle en est la construction? — Qu'appelle-t-on buttage? — Comment fait-on les buttages à la

FIG. 31. — Binot flamand.

main? — Qu'est-ce qu'un buttoir? — En quoi le buttoir diffère-t-il de la charrue? — Quelle est l'utilité des charnières qui séparent les versoirs? — Qu'appelle-t-on binot en Flandre? — Comment le binot flamand est-il construit?

HUITIÈME LEÇON

FIG. 32. — Faux.

48. — Il est d'une grande importance pour le cultivateur de faire rapidement et dans de bonnes conditions la récolte des plantes fourragères.

Autrefois on coupait partout l'herbe des prairies avec la **faux** (fig. 32). Cet instrument est formé par une grande lame d'acier légèrement recourbée, tranchante, et emmanchée à angle droit au bout d'un long bâton en bois muni d'une poignée vers le milieu de sa longueur. A l'aide du manche, le faucheur promène la faux devant lui, de droite à gauche, et l'herbe coupée est déposée à gauche en un petit tas qu'on appelle *andain*.

La lame doit être toujours bien tranchante. A cet effet, le faucheur est muni d'une petite *enclume* portative qu'il peut fixer en terre, et d'un petit marteau pour battre la lame de la faux sur l'enclume afin de l'affûter et de la rendre plus tranchante.

49. — L'herbe coupée est *fanée*, c'est-à-dire retournée plusieurs fois par jour, avec des *fourches* en

Fig. 33. — Meule de fourrage.

bois, jusqu'à dessiccation ; alors elle se trouve transformée en *foin*.

On ramasse le foin sec avec des **râteaux**, pour former de *petites meules* ou *meulons*. Les meulons sont ensuite chargés sur des chariots qui les emportent à la ferme. Là, le foin est rentré dans des greniers, ou bien on forme, non loin des bâtiments, de *grandes meules* (fig. 33), où l'on s'approvisionne au fur et à mesure des besoins.

50. — L'ensemble de ces opérations constitue le travail que l'on désigne par l'expression de *faire les foins ;* c'est ce qu'on appelle la *fenaison.* Ici encore l'emploi des machines présente de grands avantages.

La **faucheuse** mécanique (fig. 34) sert à couper l'herbe. Elle est montée sur deux roues, et elle est munie sur le côté d'une scie à larges dents. Quand la

FIG. 34. — Faucheuse mécanique.

faucheuse est en marche, des engrenages transmettent des roues motrices à cette scie un mouvement de va-et-vient très rapide, qui lui permet de couper facilement les herbes sur son passage.

La scie coupe sur une largeur qui dépasse un mètre.

La faucheuse fait un travail rapide, régulier et économique. On construit des faucheuses conduites

FIG. 35. — Faneuse mécanique.

par *deux chevaux*, et des faucheuses *à un seul cheval* pour la petite culture.

51. — Le travail des **faneuses** (fig. 35) se substitue de plus en plus à celui des fourches à main. La faneuse mécanique consiste en une sorte de long tambour monté sur deux grandes roues, et qui tourne avec elles. Sur ce tambour sont fixées de longues dents recourbées qui saisissent l'herbe couchée sur le sol et la projettent en tous sens. Un cheval suffit pour traîner l'instrument.

Après la faneuse vient le **râteau à cheval** (fig. 36). Ce râteau se compose de *longues dents recourbées*, portées par un bâti en fer reposant sur deux roues. Les dents sont articulées de manière à être indépendantes les unes des autres. Elles suivent toutes les inégalités du sol, et ramassent tout le foin qu'elles rencontrent.

Lorsque le tas est suffisamment gros, on relève, avec un levier, les dents du râteau, et le foin reste par terre. On laisse retomber les dents, et l'opération du ramassage recommence.

Le travail du râteau à cheval est très rapide et équivaut à celui d'une trentaine d'ouvriers.

QUESTIONNAIRE. — Quels sont les instruments employés pour la récolte des fourrages ? — Qu'est-ce que la faux ? — Comment la fait-on fonctionner ? — Qu'est-ce qu'un andain ? — Comment aiguise-t-on les faux ? — Qu'appelle-t-on foin ? — Quel est l'emploi des râteaux en bois ? — Décrivez une faucheuse mécanique. — Qu'appelez-vous faneuse mécanique ? — Comment est-elle construite ? — Qu'est-ce qu'un râteau à cheval ? — Quel en est l'usage ? — Quel est l'avantage qui résulte de l'emploi des machines pour faire les foins ?

FIG. 36. — Râteau à cheval.

NEUVIÈME LEÇON

RÉCOLTE DES CÉRÉALES

52. — La récolte des céréales porte le nom de
moisson.

On fait la moisson avec des *outils à main* ou avec
des *machines*.

Les outils à main qui servent à faire la moisson
sont assez nombreux. Ils se rangent dans trois catégories : la *faucille*, la *faux* et la *sape*.

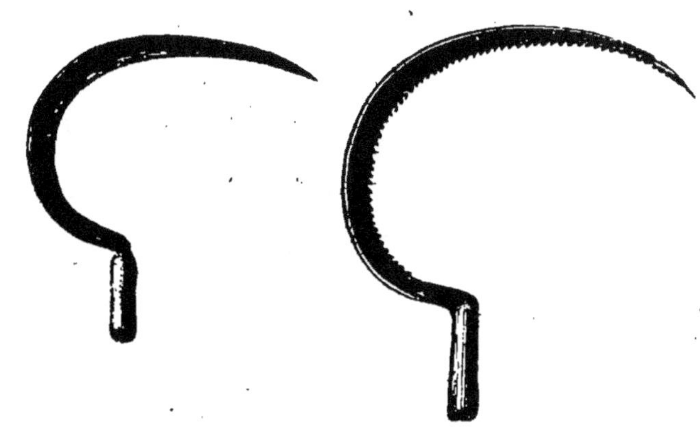

FIG. 37. — Faucille unie.   FIG. 38. — Faucille dentée.

La faucille est une lame recourbée en croissant
et munie d'une poignée. Tantôt la lame est unie
(fig. 37), tantôt elle est dentelée (fig. 38). Le moissonneur, qui tient la faucille de la main droite, se
courbe sur le sol, saisit avec la main gauche une poignée de tiges et les coupe à leur extrémité inférieure.

La poignée qu'il dépose sur le sol porte le nom de
javelle.

Plusieurs javelles réunies et liées ensemble forment une *gerbe*.

53. — La **faux** qui sert à couper les céréales est *armée* (fig. 39), c'est-à-dire garnie d'une *monture*. Cette monture consiste le plus souvent en *baguettes recourbées*, qui soutiennent les tiges coupées, jusqu'à ce que le moissonneur les dépose à gauche sur le sol. Le faucheur travaille debout.

La **sape** (fig. 40) est une petite faux, à manche court et recourbé. Avec cet instrument on coupe plus vite qu'avec la faucille et dans de meilleures conditions qu'avec la faux.

L'ouvrier tient la sape de la main droite, et de la main gauche il réunit avec un *crochet* en fer (fig. 41) les tiges coupées qu'il forme en javelles.

54. — De même que celle des fourrages, la coupe des céréales peut être exécutée avec des machines spéciales. La machine qui sert à faire la moisson porte le nom de **moissonneuse** (fig. 42).

Cette machine doit *couper régulièrement*, *près de terre*, les tiges des céréales, sans *égrener*, c'est-à-dire sans faire tomber le grain des épis. Elle doit, en outre, déposer sur le sol les tiges en javelles, de telle sorte qu'il n'y ait plus qu'à lier ces javelles pour former des gerbes.

Au point de vue de la coupe des tiges, la moissonneuse est construite d'après des principes analogues à ceux de la construction des faucheuses. Une scie latérale est animée d'un mouvement de va-et-vient rapide, grâce à des engrenages qui sont mus par la roue de la machine. Pour faire la javelle, un tablier horizontal est placé derrière la scie. Les tiges coupées tombent sur ce tablier, et elles sont poussées en arrière sur le côté de la machine, par de grands bras

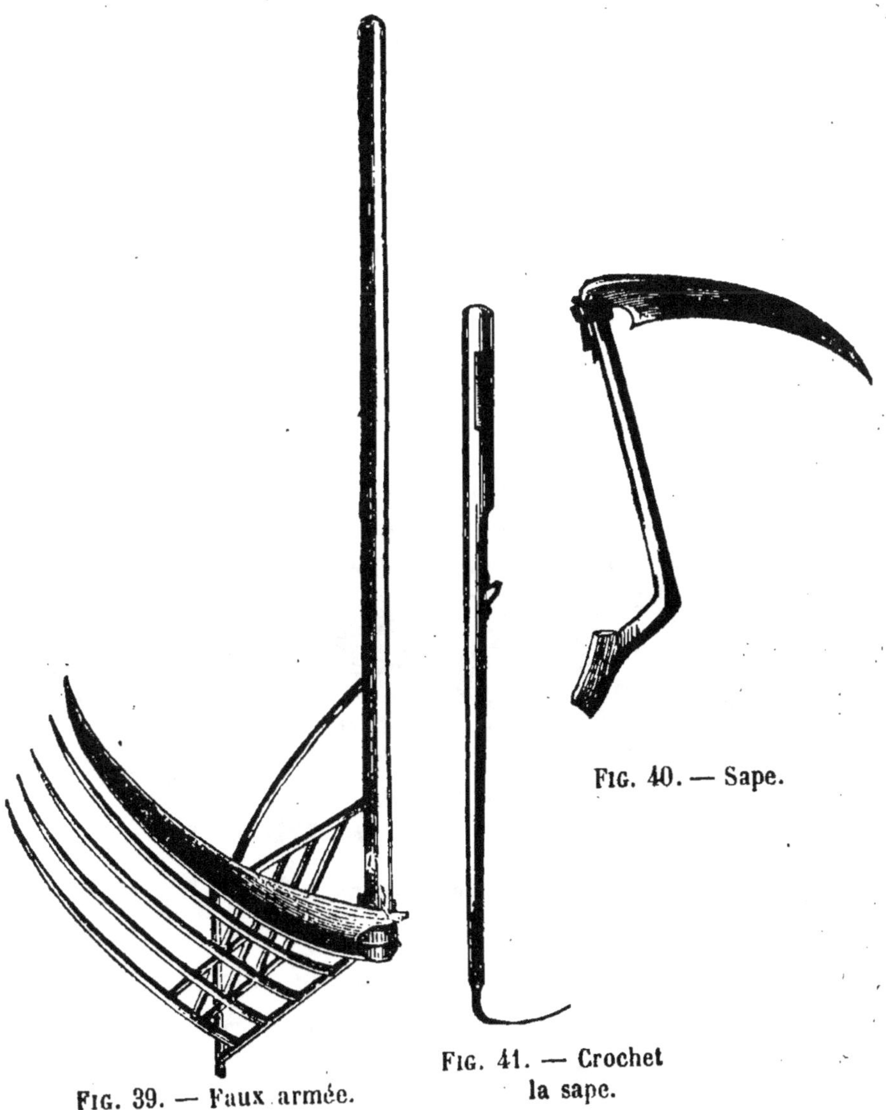

FIG. 39. — Faux armée.

FIG. 40. — Sape.

FIG. 41. — Crochet
la sape.

ou râteaux que le mouvement de la machine elle-même fait marcher.

55. — Comme la faucheuse, la moissonneuse est

tirée par deux chevaux ou par deux bœufs. Pour les besoins des petits cultivateurs, on construit aujourd'hui des faucheuses et des *moissonneuses à un cheval*.

Quelques machines peuvent servir à la fois de faucheuses et de moissonneuses. C'est ce qu'on appelle des *faucheuses-moissonneuses combinées*.

Fig. 42. — Moissonneuse mécanique.

On construit des moissonneuses dans lesquelles un appareil spécial serre la gerbe et l'entoure d'un lien. Ces machines sont appelées des *moissonneuses-lieuses*.

56. — L'emploi des faucheuses et des moissonneuses a donné d'excellents résultats.

Comme ces machines travaillent vite, on peut

mettre les récoltes à l'abri des intempéries. On ne gagne pas seulement du temps, mais on fait en outre une économie notable : double avantage pour les cultivateurs.

57. — C'est seulement au commencement de ce siècle que l'on s'est préoccupé de la construction de machines destinées à faire la moisson. On savait bien que les anciens Gaulois s'étaient servis de machines de ce genre ; mais ces appareils étaient, depuis des siècles, tombés dans l'oubli. Les premiers modèles de machines à moissonner ont été construits en Angleterre ; ils consistaient en faux rotatives, en scies circulaires, impropres à faire un travail régulier dans les champs.

A un Américain, à *Mac Cormick*, revient l'honneur d'avoir, en 1831, construit la première moissonneuse pratique.

L'emploi de ces machines est d'une nécessité urgente, surtout en Amérique, où les champs à moissonner sont souvent de dimensions énormes, et où les bras manquent parce que la population est trop clairsemée. C'est par centaines de mille que, depuis cette date, les machines à moissonner, et un peu plus tard les machines à faucher, se sont répandues dans toutes les parties du monde.

58. — La coupe des céréales étant faite, le premier soin du cultivateur, après que les tiges sont un peu séchées, est d'en former des bottes connues sous le nom de *gerbes*.

Pour lier les gerbes, on se sert le plus généralement de liens en paille. Depuis quelques années, on prépare des liens en ficelle goudronnée, munis de crochets et d'anneaux, que l'on peut serrer à l'aide de longues aiguilles flexibles.

59. — Les gerbes doivent passer quelque temps dans les champs, avant que les attelages soient disponibles pour les rentrer. Afin de les soustraire à l'action de l'humidité, on les réunit en *moyettes*.

FIG. 43. — Moyette flamande.

Une **moyette** est une réunion de plusieurs gerbes, disposées de telle sorte que les épis soient protégés contre l'atteinte de l'eau pluviale.

60. — Les deux principales formes de moyette sont la moyette *flamande* et la moyette *picarde*.

Voici comment on construit la *moyette flamande*, qu'on appelle aussi *vilotte* (fig. 43). On dresse côte à côte cinq ou six gerbes, et on les couvre d'un chapeau formé par une dernière gerbe renversée dont le lien a été placé aux deux tiers de la hauteur des tiges. — Si la pluie tombe sur la moyette, elle ne peut pas pénétrer à l'intérieur, et les épis sont préservés de l'humidité.

Pour former la *moyette picarde* (fig. 44), on place les gerbes en cercle, sur le sol, de telle sorte que tous les épis soient au centre, et on superpose plusieurs étages de gerbes disposées de la même manière. La partie supérieure est recouverte d'une gerbe liée près du pied, et qui recouvre les autres en forme d'entonnoir renversé. Ces moyettes sont appelées aussi *huttelottes* ou *huttes*.

61.—En moyette, les céréales coupées avant complète maturité achèvent de mûrir dans d'excellentes conditions.

Lorsque les granges sont insuffisantes pour contenir toutes les gerbes de la ferme, on met les gerbes en meules (fig. 33, page 51), de la même manière que les fourrages.

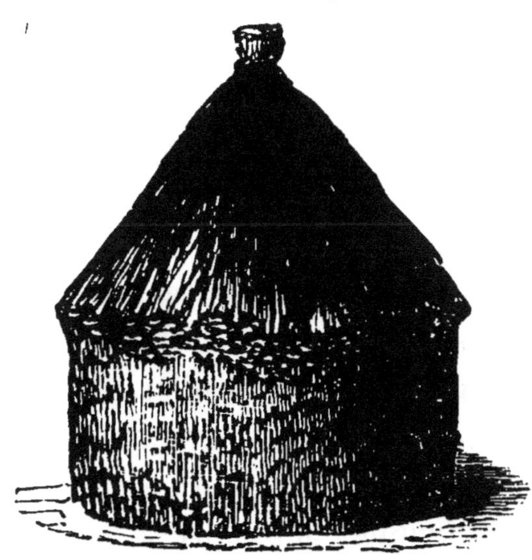

FIG. 44. — Moyette picarde.

QUESTIONNAIRE. — Quels sont les outils à main employés pour faire la moisson? — Qu'est-ce que la faucille? — la faux? — la sape? — Qu'appelle-t-on javelle? — gerbe? — Qu'est-ce qu'une moissonneuse mécanique? — Indiquez comment elle est construite. — Qu'appelle-t-on faucheuse-moissonneuse? — moissonneuse-lieuse? — Quels sont les principaux avantages de l'emploi des moissonneuses? — Comment lie-t-on les gerbes? — Qu'appelle-t-on moyettes? — Qu'est-ce que la moyette flamande? — la moyette picarde? — Quels en sont les avantages?

EXERCICE. — Racontez l'invention des moissonneuses.

DIXIÈME LEÇON

ATTELAGES ET MOYENS DE TRANSPORT

62. — Les attelages, à la ferme, sont constitués par des *chevaux* ou par des *bœufs* ou des *vaches*, et dans le midi par des *mules* ou des *mulets*.

Le travail des chevaux est plus rapide. Mais *celui des bœufs* est, dans la plupart des circonstances, *plus économique*. A la condition qu'ils soient suffisamment nourris, les bœufs augmentent de valeur tout en travaillant, tandis que les chevaux s'usent au travail et diminuent de valeur.

C'est sans inconvénient que l'on fait travailler les femelles, à condition que le travail soit interrompu pendant les dernières semaines de la gestation, et qu'il soit repris seulement quelque temps après.

63. — Les chevaux sont attelés au **collier**; les bœufs, le plus généralement au **joug**.

Le *collier* du cheval est fait de bois et de cuir; il doit être à la fois *solide* et *léger*. De chaque côté du collier sont fixés les traits, qui consistent en chaînes ou en courroies dont l'autre extrémité est attachée directement aux brancards de la voiture, ou mieux à un palonnier.

On appelle *palonnier* une tige de fer ou de bois, un peu cintrée, fixée par son milieu, au moyen d'un anneau, au bâti de la voiture, et aux deux extrémités de laquelle sont attachés les traits. Le palonnier est simple (fig. 45) pour l'attelage d'un seul cheval; il est double (fig. 46) quand il faut atteler deux chevaux de front. On se sert aussi du palonnier pour

FIG. 45. — Palonnier simple.

atteler les chevaux *en flèche*, c'est-à-dire les uns devant les autres.

Le *joug* des bœufs est une forte pièce de bois fixée sur le front par des courroies qui s'enroulent sur les cornes, et rattachée, à l'aide d'un anneau, au brancard du chariot à traîner. Le joug est simple, quand il s'applique à un seul bœuf; il est double, lorsqu'il sert à atteler deux bœufs ensemble.

64. — Les *voitures de travail* employées dans les

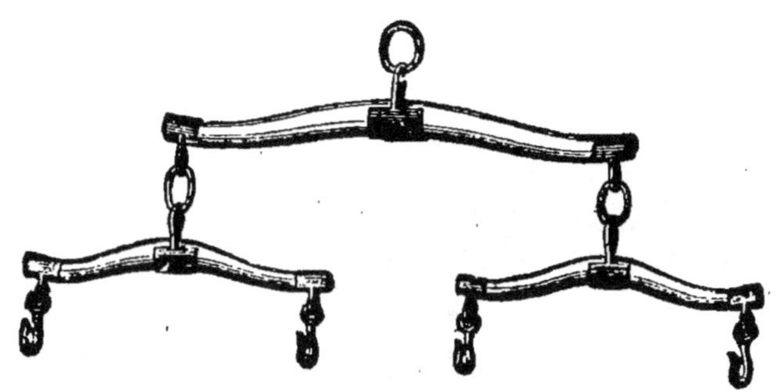

FIG. 46. — Palonnier double.

fermes sont de deux sortes : le *chariot à quatre roues* et le *tombereau à deux roues*.

On se sert le plus souvent du *chariot à quatre roues* (fig. 47) pour les transports des fourrages et des céréales. Il peut recevoir des *ridelles* ou pièces auxiliaires qui permettent d'élever la charge à une assez grande hauteur.

Le *tombereau à deux roues* (fig. 48) sert surtout

pour le transport des tubercules, des racines, des

FIG. 47. — Chariot à quatre roues.

fumiers, des pierres ou des terres. Ses dimensions varient beaucoup.

FIG. 48. — Tombereau à deux roues.

Il faut remarquer que le tombereau à deux roues exige des chevaux plus forts que le chariot. En effet, le cheval attelé au tombereau doit non seulement traîner la charge, mais encore, par des efforts constants, en maintenir l'équilibre.

FIG. 49. — Pelle à cheval.

65. — Pour transporter la terre d'un point à un autre d'un champ, on emploie avec avantage la

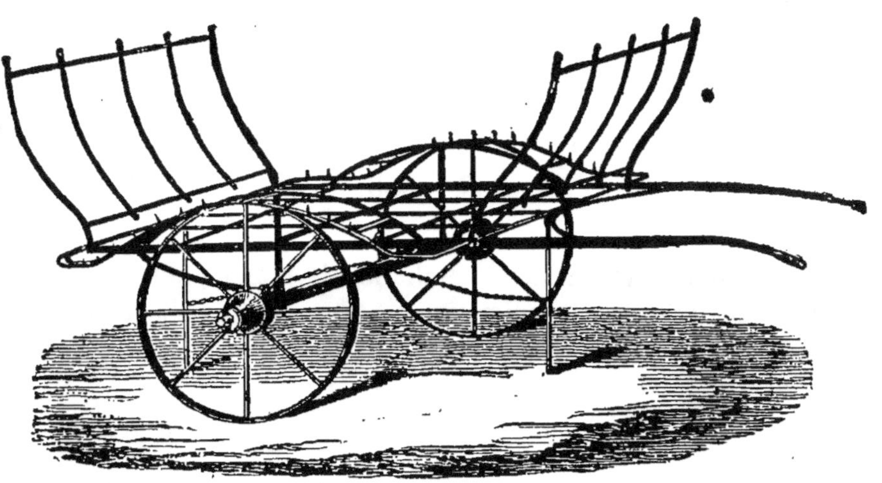

FIG. 50. — Petite voiture pour les fourrages.

ravale ou pelle à cheval (fig. 49). On la charge sur le point où la terre est en excès, et le cheval la traîne au point où la charge doit être déposée. Il suffit de tirer sur un levier pour que la traction fasse basculer la pelle, qui se décharge facilement.

Au printemps et pendant l'été, les animaux maintenus à l'étable reçoivent des fourrages verts, dont on fauche chaque jour la quantité nécessaire pour la consommation. De petites voitures en fer (fig. 50) qu'un homme peut traîner facilitent le transport de ces fourrages verts. On réserve ainsi les attelages, qui peuvent être plus utilement occupés à d'autres travaux.

QUESTIONNAIRE. — Quels sont les animaux de trait employés dans les fermes? — Comment attelle-t-on les chevaux ou les bœufs? — Qu'appelle-t-on collier? — Quelles en sont les qualités? — Qu'est-ce qu'un palonnier? — Comment le joug des bœufs est-il fait? — Quels sont les principaux types de voitures des fermes? — Qu'est-ce que le chariot? — le tombereau? — Qu'appelez-vous ravale? — Quel est l'avantage des petites voitures à fourrages?

MAXIMES AGRICOLES

Dans une ferme, il faut s'appliquer de plus en plus à substituer le travail des animaux et des machines à celui de l'homme.

Bien conduire l'attelage est la première condition pour faire un bon travail.

BATTAGE ET NETTOYAGE DES CÉRÉALES

66. — Le **battage** ou *dépiquage des céréales* est l'opération qui consiste à séparer le grain de la paille.

Le plus ancien procédé de battage consistait dans l'emploi du *fléau*. Le fléau est un morceau de bois arrondi attaché à l'extrémité d'un long manche par une corde ou un morceau de cuir. Le batteur laisse retomber le morceau de bois sur la gerbe étendue sur le sol, jusqu'à ce que le grain soit sorti des épis.

Pour aller plus vite en besogne, on a substitué au fléau l'*emploi des chevaux*. Les céréales sont étendues régulièrement sur une surface plane appelée *aire*, et elles y sont piétinées par les chevaux, de telle sorte que les grains s'échappent des épis. Ce procédé est surtout employé dans le Midi.

Plus tard, on a inventé de gros *rouleaux* en bois ou en pierre pour remplacer le travail des pieds des chevaux.

Dans une grande partie de la France, le battage au **fléau** (fig. 51) a été général pendant longtemps, et on le pratique encore dans beaucoup de petites exploitations.

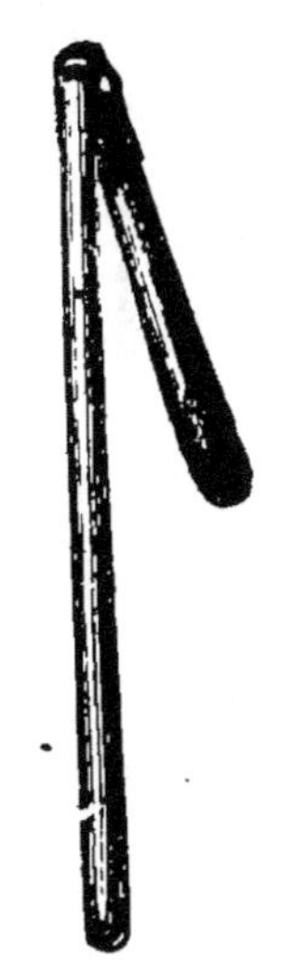

FIG. 51. — Fléau.

67. — La première condition pour le bon dépiquage des grains par les méthodes

Fig. 32. — Battage des grains au manège.

qui viennent d'être indiquées, est que l'*aire* soit préparée avec soin.

Dans le midi et dans l'ouest de la France, l'aire est recouverte d'une couche argileuse arrosée, puis battue énergiquement. Chaque année, avant la moisson, on enlève les mauvaises herbes qui ont pu y pousser, et on répare les fissures qui ont pu se produire à la surface.

Dans le Nord, les aires sont le plus souvent établies dans les granges. Tantôt elles sont faites avec de la terre argileuse bien battue, tantôt elles sont recouvertes d'une couche de ciment; quelquefois elles sont constituées par un plancher en bois fixé à demeure ou temporaire. Dans les petites granges, l'aire est établie devant la porte d'entrée; dans les granges plus vastes, elle occupe le passage qui sert à rentrer les récoltes.

68. — Aujourd'hui, dans la plupart des fermes, *le battage à la machine est adopté.*

On appelle **machines à battre** ou **batteuses** les machines qui servent à séparer les grains de la paille. On leur donne aussi quelquefois le nom de *batterie.*

Les machines à battre se divisent en deux catégories, suivant que les céréales y pénètrent dans le sens de la longueur ou dans celui de la largeur. Dans le premier cas ce sont des *batteuses en bout;* dans le second cas, on les appelle des *batteuses en travers.* Les premières froissent et brisent la paille, les secondes la rendent intacte. Naturellement on préfère ces dernières partout où la paille a une grande valeur commerciale.

69. — Les batteuses sont mues, soit par un manège, soit par une machine à vapeur.

Le *manège* (fig. 52) est un appareil qui a pour but de transformer le mouvement de translation lent des animaux en un mouvement de *rotation* rapide. A cet effet, sur un engrenage circulaire sont fixées les tiges de bras horizontaux qui s'écartent comme les rayons d'un cercle. Les animaux attelés à l'extrémité de ces bras, marchent en suivant la circonférence. L'engrenage central est ainsi mis en mouvement. Ce mouvement, dont la vitesse est multipliée par d'autres engrenages, est transmis à la machine.

On distingue généralement deux

FIG. 53. — Manège par terre.

sortes de manèges : le *manège par terre* (fig. 53), qui transmet le mouvement par un arbre de couche placé sur le sol; le *manège en l'air* (fig. 54), qui commande les machines au moyen d'une courroie qui passe au-dessus des animaux.

Fig 54. — Manège en l'air.

70. — La *machine à vapeur*, inconnue jusqu'au milieu du dix-neuvième siècle dans les fermes, est devenue d'un emploi à peu près général.

Le type de machine à vapeur presque exclusivement adopté est la *locomobile*, c'est-à-dire la machine montée sur roues. Les cultivateurs la préfèrent, parce qu'elle n'exige pas de construction spéciale, et qu'elle répond, par la facilité du transport, à la mobilité des travaux de la ferme.

La conduite des machines à vapeur est un art qui doit désormais être connu des ouvriers agricoles.

71. — Qu'elles soient mues par un manège ou par une machine à vapeur, les *batteuses* sont généralement construites d'après les mêmes principes. Elles diffèrent par le nombre des organes destinés à nettoyer le grain plus ou moins complètement.

Dans toutes les batteuses, l'organe principal est le *batteur*. C'est une sorte de cylindre ou tambour, placé horizontalement dans la machine, et tournant rapide-

Fig. 55. — Grande machine à battre.

ment sur son axe. Sa surface est armée de cannelures appelées battes. Lorsque les tiges des céréales sont présentées au batteur, celui-ci les entraîne, et, en les frappant, il fait sortir le grain des épis. Le batteur se meut d'ailleurs dans une sorte de caisse concave, appelée *contre-batteur*, dont la surface intérieure est également garnie de cannelures. Le contre-batteur sépare les grains que le batteur a épargnés.

72. — A sa sortie du batteur, dans les machines les plus simples (fig. 52), le grain tombe en dessous, mélangé avec les balles et les débris de paille, tandis que la paille est entraînée sur un plan incliné qui la fait sortir de la batteuse.

Dans les grandes batteuses (fig. 55), le mécanisme est plus compliqué. Le grain passe dans un *ventilateur*, qui chasse les menues pailles et les balles, et de là, dans un cribleur qui en achève le nettoyage. Quelquefois ce nettoyage est opéré deux fois, et le grain est séparé en catégories suivant sa grosseur, en même temps qu'il est débarrassé de toutes les graines étrangères qui peuvent y être mélangées.

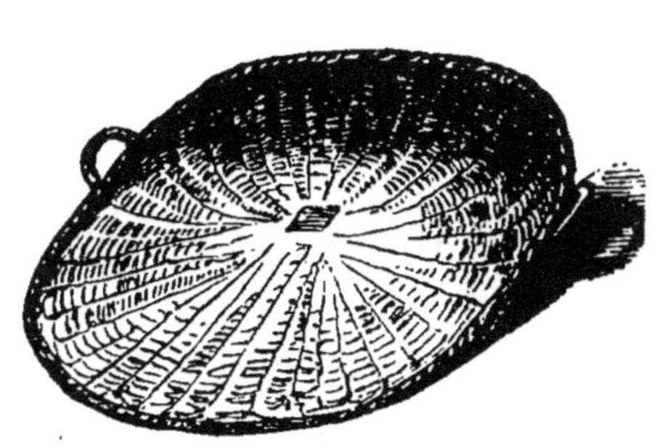

FIG. 56. — Van.

Quant à la paille, elle est entraînée sur un *secoueur* formé de lattes parallèles, animées d'un mouvement de va-et-vient. Ce secoueur a pour mission de débarrasser la paille de tous les grains

qu'elle peut encore renfermer. Elle est ainsi conduite à l'extrémité de la machine, d'où elle tombe
au dehors.

73. — Les machines servent à battre la plupart
des céréales : le froment, l'avoine, l'orge et le seigle.
Dans les grandes machines, pour battre les blés bar-

FIG. 57. — Tarare Dombasle.

bus et les orges, on ajoute un trieur pour ébarber
les grains.

Pour le maïs, on emploie des machines qu'on
appelle égreneuses. — Pour battre les graines de
plantes fourragères, trèfle, luzerne, etc., on emploie
aussi des machines spéciales, mais dont la construction repose sur les mêmes principes que celle des
batteuses de céréales.

74. — Les grains destinés à être vendus ou à

servir de semences doivent toujours être très propres.

Autrefois, pour les nettoyer, on employait simplement le *van* (fig. 56). C'est une corbeille en osier, large et peu profonde, en forme de coquille, munie de deux anses. Le grain placé dans le van est agité et secoué dans un courant d'air : les pailles et les ordures légères sont facilement emportées, et le grain retombe dans la corbeille.

Le *tarare* (fig. 57) remplace avantageusement le van, tant pour l'efficacité que pour la rapidité du travail. Il se compose d'un volant à ailettes, qu'on fait tourner à l'aide d'une manivelle, et d'un grillage incliné sur lequel on verse le grain par une trémie. En tournant, le volant produit un courant d'air qui entraîne les balles et les poussières ; les grains cassés passent à travers le grillage, tandis que le bon grain glisse sur celui-ci, pour tomber dans une caisse où il est recueilli.

QUESTIONNAIRE. — Qu'est-ce que le battage des céréales ? — Qu'est-ce que le dépiquage par les chevaux ? — au rouleau ? — au fléau ? — Qu'appelez-vous aire ? — Comment prépare-t-on les aires ? — Qu'est-ce qu'une machine à battre ? — Qu'appelez-vous batteuse en bout ? — batteuse en travers ? — Qu'est-ce qu'un manège ? — un manège par terre ou en l'air ? — Les machines à vapeur sont-elles employées dans les fermes ? — Décrivez une machine à battre ? — Qu'est-ce que le batteur ? — le contre-batteur ? — le ventilateur ? — le secoueur ? — Pour quels grains emploie-t-on des machines spéciales ? — Qu'est-ce qu'un van ? — un tarare ? — Quel en est l'emploi ?

DOUZIÈME LEÇON

75. — *La préparation attentive des semences est une des conditions indispensables du succès pour les récoltes.* Si les graines semées pour obtenir de nouvelles récoltes ne sont pas d'une qualité parfaite, elles germeront mal, les plantes qui en proviendront

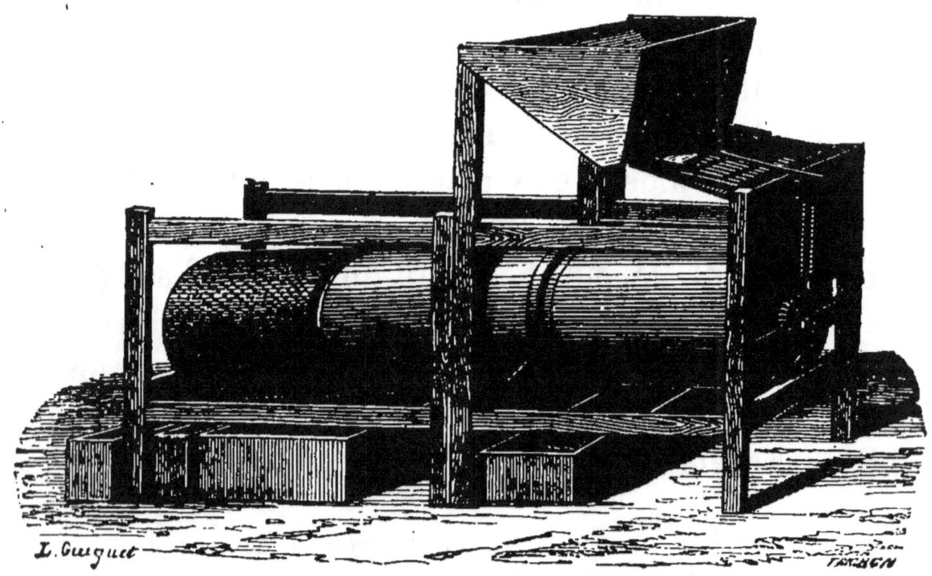

Fig. 58. — Crible trieur.

demeureront chétives et incapables de donner d'abondants produits.

Il faut donc choisir les semences avec le plus grand soin. Pour les *céréales*, le meilleur moyen d'avoir des graines de choix est de les faire passer par le crible trieur (fig. 58). Cet instrument est un cylindre formé de *toiles métalliques*, portant des trous de différentes grandeurs, et disposé de telle sorte que les grains, divisés en diverses sortes, suivant leur grosseur, tombent, à la sortie du trieur, dans des boîtes ou caisses spéciales pour chaque catégorie.

Le passage dans le trieur a pour effet de séparer les grains de qualité supérieure des autres grains ; on les a ainsi à sa disposition pour les semailles. En même temps, les grains sont débarrassés de toutes les impuretés qui y étaient mélangées.

Fig. 59. — Sulfatage des semences.

76. — Parfois les graines des céréales portent avec elles le germe de certains champignons ou des œufs ou larves d'insectes, qui peuvent se développer dans la terre ou sur les tiges, et déterminer les maladies connues sous les noms de *carie*, de *charbon*, etc., qui ont pour effet de diminuer sensiblement la récolte sous le rapport de la quantité et de la qualité.

Pour détruire ces germes, on a recours à une opération qu'on appelle le *chaulage* ou le *sulfatage des semences*. Cette opération consiste (fig. 59) à faire tremper, avant les semailles, le grain dans une dissolution de sulfate de cuivre ou dans de l'eau de chaux, puis à le faire égoutter. La dissolution se fait dans un grand baquet en bois, dans lequel on plonge les corbeilles qui renferment le grain de semence. Si la discolution est bien faite, les germes des champignons nuisibles sont détruits, sans que le grain perde ses propriétés germinatives.

QUESTIONNAIRE. — Pourquoi importe-t-il de veiller à la qualité des graines qui servent de semences? — Comment obtient-on des graines de choix? — Qu'appelez-vous trieur? — Décrivez cet instrument. — Quel est l'effet du passage des graines dans le trieur? — Quel est le but du chaulage ou du sulfatage des semences? — Indiquez comment on pratique cette opération. — Montrez-en l'importance.

MAXIMES AGRICOLES

La pureté des semences assure la qualité de la récolte.

De bons épis ne peuvent venir que d'une bonne graine.

Des champs bien nettoyés sont la première condition d'une bonne culture.

TREIZIÈME LEÇON

FORMATION DE LA TERRE ARABLE

77. — La *partie superficielle* du sol, celle que remuent les instruments, et dans laquelle pénètrent les racines de la plupart des plantes, porte le nom de **terre arable**.

La terre arable est formée principalement par la *réduction*, en parties fines et ténues, des *roches* qui constituent la surface de la terre. C'est sous l'influence de l'*eau* des pluies, de l'*air* et des alternatives de chaleur et de gelée que ces roches se désagrègent.

78. — On comprend facilement comment l'**eau** des pluies agit sur la surface de la terre.

L'eau s'infiltre dans la masse des roches, et non seulement elle dissout quelques-unes de leurs parties, mais elle sépare les unes des autres celles qui ne sont pas dissoutes. Lorsque l'hiver arrive, et que le froid devient vif, l'eau qui a ainsi pénétré dans les roches se congèle et se change en glace. En devenant de la glace, elle augmente de volume, fait éclater les pierres et émiette les minéraux.

Il se produit alors un phénomène semblable à celui que nous observons lorsque l'eau se congèle dans des vases en terre ou en verre; ces vases éclatent par suite de l'accroissement du volume de l'eau changée en *glace*. De même *les roches sont brisées sous l'action de l'eau congelée*. On voit souvent ce phénomène se produire dans des *pierres tendres* qui éclatent par un froid assez vif. Cette action est très énergique, et comme elle se répète chaque année, elle contribue puissamment à désagréger les roches de la surface de la terre.

79. — L'influence des pluies ne se borne pas à une action directe sur les parties du sol où elles tombent. Les pluies contribuent à former les *ruisseaux* et les *rivières* qui, en descendant des montagnes dans les *vallées* et les *plaines*, exercent la même action sur toutes les parties du sol où elles coulent.

Les cours d'eau contribuent ainsi à détruire les roches des régions les plus élevées. Ils en entraînent incessamment des parcelles, qu'ils déposent peu à peu dans les vallées.

80. — Si l'action de l'eau sur la surface de la terre est énergique, celle de l'air n'est pas moins réelle.

L'air pénètre dans toutes les fissures des roches. Il se dilate sous l'action de la chaleur solaire, et se combine avec certaines parties constituantes des roches, et notamment avec le protoxyde de fer. Son action aboutit, comme celle de l'eau, à l'émiettement des roches.

Cette influence multiple de phénomènes météoriques, de l'eau et de l'air, est plus rapide sur les roches les moins dures, celles que l'on appelle *friables*; elle est beaucoup plus lente, parfois presque nulle, sur les roches les plus compactes et les plus dures, par exemple sur le granit.

A la surface du sol, avec les roches ainsi désagrégées, se mélangent *les débris des animaux et des végétaux* qui vivent sur le sol. Ces débris forment ce que l'on appelle les **matières organiques,** qui existent toujours, en quantité plus ou moins grande, dans les terres cultivées. On donne souvent le nom d'**humus** aux matières organiques décomposées qui entrent dans la formation de la terre arable.

81. — D'après ce que nous venons de dire sur la formation de la terre arable, il est facile de comprendre que sa *composition* dépend des roches dont elle provient, et que les substances qui forment ces roches doivent se retrouver dans la terre arable.

Les roches dont se compose la surface de la terre sont de *nature très diverse ;* elles sont loin de présenter les mêmes caractères, d'avoir les mêmes qualités. Il résulte de là qu'il **y** a de très grandes différences dans la nature des terres.

82. — Cette diversité des terres arables s'impose au cultivateur, qui n'exerce aucune influence sur leur origine et qui doit les accepter telles qu'elles sont, sauf à les modifier peu à peu par un travail énergique.

La terre est, pour le cultivateur, le premier instrument de production. La *qualité* de la terre exerce donc la plus grande influence sur la valeur des produits.

De même que l'ouvrier qui n'a pas de bons outils éprouve de grandes difficultés à exécuter un bon travail, de même l'agriculteur dont la terre est de mauvaise qualité ne peut compter que sur de médiocres récoltes, aussi longtemps qu'il n'est pas parvenu à l'améliorer.

83. — C'est à la fois de la *composition* et du *mélange* des débris des roches que proviennent les qualités et les défauts des terres arables.

Toutefois il y a trois substances que l'on retrouve dans presque toutes les terres. De la proportion relative de ces substances dépend le premier caractère des terrains.

Ces substances sont *l'argile*, le *sable* et le *calcaire*.

Le sable pur ne saurait constituer une terre propre à être cultivée. Il en est de même de l'argile, qui, absolument pure, se refuse à toute culture. Les caractères du sable et de l'argile sont opposés ; mais, suivant les proportions dans lesquelles ces substances sont mélangées entre elles et avec du calcaire, leurs propriétés s'atténuent les unes les autres, elles se modifient, et il en résulte les nombreuses variétés de terres arables, qu'on peut souvent rencontrer à la fois dans une seule localité.

QUESTIONNAIRE. — Qu'est-ce que la terre arable? — Comment se forme-t-elle? — Quels sont les agents naturels qui tendent à former la terre arable? — Expliquez l'action de l'eau ; — celle du froid ; — celle de l'air. — Quel est le rôle des ruisseaux et des rivières dans la désagrégation des roches? — Qu'appelez-vous matières organiques? — De quoi dépend la composition des terres arables? — Le cultivateur est-il maître de modifier la formation des terres arables? — Quelles sont les principales substances qui entrent dans la composition des terres arables?

MAXIME AGRICOLE

Tous les sols ont pour origine la décomposition des roches.

QUATORZIÈME LEÇON

CARACTÈRES DES TERRES ARABLES

84. — Le sable, l'argile et le calcaire, mélangés dans des proportions très-variables, fournissent des terres dont les propriétés sont diverses. Le cultivateur doit connaître ces propriétés, afin de pouvoir apprécier les qualités et les défauts des terres arables.

L'argile pure est absolument infertile ; elle ne peut pas constituer une terre arable. Il est nécessaire, pour qu'elle puisse être cultivée, qu'elle soit *mélangée avec d'autres substances*, et qu'elle ait *subi* ensuite, pendant un certain temps, *l'action des instruments de culture.*

85. — Un sol est dit **argileux**, lorsque, après avoir été desséché, c'est-à-dire quand il ne renferme plus d'eau, il contient encore une grande partie de son poids en argile pure.

Lorsqu'un sol présente ces conditions, il est encore à peu près impossible de le cultiver, d'abord à cause de la résistance qu'il oppose au travail des instruments de labour, ensuite à cause de la manière dont il se comporte sous l'action de la *chaleur* et de l'*humidité*. Sous l'influence du soleil, il se *fendille* en mottes épaisses, et ces mottes ne se *fondent* que sous l'influence d'une humidité persistante.

86. — Si à un sol très argileux on peut ajouter une certaine quantité de **calcaire**, on forme une terre qu'il devient possible de cultiver, et qui con-

stitue, dans ces conditions, ce que l'on appelle une *terre très forte*.

Le calcaire peut être fourni au sol sous forme de craie, de *chaux* ou de *marne*.

En y incorporant, en outre, du *fumier* et des *matières organiques*, on peut obtenir un sol propre à la plupart des cultures, pourvu toutefois que sa profondeur dépasse la partie qui est travaillée par les instruments de culture.

87. — Le **sable** pur est aussi infertile que l'*argile* pure. Le mélange de ces deux éléments forme ce que l'on appelle une terre *argilo-siliceuse*.

Dans une terre argilo-siliceuse, la proportion de sable est au moins du tiers du poids de la terre à l'état sec, et elle ne dépasse pas les deux tiers de ce poids. Le mélange d'une certaine proportion de calcaire, même assez faible, assure la fertilité d'un sol de cette nature.

En effet, la consistance de la terre n'est pas alors trop considérable, et elle est suffisante pour que les racines des plantes puissent y prospérer, être entourées d'une quantité d'air suffisante, et y trouver la proportion d'eau nécessaire à leur existence.

88. — Un sol **calcaire** est celui dans lequel le calcaire ou carbonate de chaux domine, c'est-à-dire forme plus des deux tiers du poids de la terre. Les sols exclusivement calcaires sont rares ; le plus souvent le calcaire est mélangé, en proportions variables, avec l'argile et avec le sable.

Lorsqu'un sol est surtout formé d'un mélange d'argile et de calcaire, on dit qu'il est *argilo-cal-*

caire. S'il manque de sable, ce sol présente une très grande ténacité ; il est très difficile de le cultiver, et les plantes n'y trouvent pas les conditions favorables à leur développement. Les terres de cette nature doivent être placées au rang des plus mauvaises.

89. — Le sol argilo-calcaire devient meilleur lorsqu'il renferme une certaine proportion de sable. Si la proportion de sable égale le tiers du poids de la terre, et si la proportion d'argile devient plus faible, on se trouve en présence d'une terre appelée *silico-calcaire*.

Les terres silico-calcaires sont des terres peu tenaces ; elles sont faciles à travailler, et en même temps accessibles à l'action de l'eau et de l'air.

On appelle *siliceuses* les terres dans lesquelles le sable domine. Ces terres sont les plus faciles à travailler. Si elles se trouvent sous un climat sec et si l'arrosage manque, elles sont peu fertiles. Mais sous l'influence de l'eau elles sont propres à la plupart des cultures.

90. — La *profondeur* de la partie superficielle, la nature du *sous-sol*, exercent la plus grande influence sur les qualités des terres arables, et les rendent plus ou moins perméables à l'eau. Les conditions d'*inclinaison* et d'*exposition* décident aussi de la nature des plantes que l'on peut y cultiver.

Le caractère auquel le cultivateur reconnaîtra le plus facilement la nature des terres est *la résistance plus ou moins grande qu'elles présentent au travail des instruments de culture.*

La vigueur que les diverses espèces de plantes déploient dans les sols de nature différente, est également un moyen pratique, auquel on pourra recourir, pour se rendre compte de la nature de la terre.

SMALL_CAPS_QUESTIONNAIRE. — Quels sont les principaux caractères de l'argile? — Qu'appelez-vous sol argileux? — Comment le calcaire est-il fourni au sol? — Quel rôle les matières organiques jouent-elles dans la terre arable? — Le sable pur est-il fertile? — Qu'appelle-t-on sol argilo-siliceux? — Quelles sont les qualités de ce sol? — Qu'est-ce qu'un sol calcaire? — un sol argilo-calcaire? — un sol silico-calcaire? — Qu'appelle-t-on terres siliceuses? — Quel est le caractère auquel le cultivateur reconnaît la nature du sol.

MAXIMES AGRICOLES

Le travail du laboureur rend la terre fertile.

Un champ bien labouré et bien fumé n'est jamais un mauvais champ.

La terre ne rend jamais que ce qu'on lui a donné.

QUINZIÈME LEÇON

91. — C'est surtout d'après leurs *caractères exté-rieurs* que les cultivateurs distinguent les terres arables les unes des autres.

Il est naturel que cette distinction ait été tout d'abord adoptée. Les caractères extérieurs sont ceux qui apparaissent à première vue ; ils font connaître pour ainsi dire d'avance les difficultés que l'on peut rencontrer dans la culture des terres.

Par la manière dont les terres se comportent sous l'action de la *chaleur* et du *froid*, de la *pluie* et de la *sécheresse*, leurs principaux caractères se manifestent de la manière la plus sensible.

92. — Certaines terres, après une pluie plus ou moins abondante, se prennent ou *se lient* en masse compacte, parce qu'elles ont absorbé une grande quantité d'eau. Elles conservent longtemps l'humidité ; puis, lorsqu'elles se dessèchent, elles se fendillent en formant de grosses mottes, qui restent très dures.

Si l'on travaille ces terres lorsqu'elles sont humides, *elles se collent aux outils*, et par leur adhérence, augmentent les difficultés naturelles du labour.

Si on les travaille quand elles sont sèches, elles offrent encore une très grande résistance aux instruments de labour, parce que leurs grosses mottes sont parfois presque aussi dures que des pierres.

En raison de l'ensemble de ces caractères, les cultivateurs de tous les pays ont, de tout temps, donné aux terres de cette nature le nom de **terres fortes**. Ce sont celles dans lesquelles l'*argile* domine.

93. — D'autres terres présentent des caractères tout différents. Elles sont rapidement traversées par l'eau qui tombe à la surface ; elles ne se forment pas en grosses mottes sous l'action du soleil. Au contraire, les petites mottes qui proviennent de la dessiccation de ces terres sont friables ou faciles à écraser.

Les terres de cette nature se laissent facilement entamer par tous les instruments de culture ; elles n'adhèrent pas aux fers des charrues ou des bêches, soit lorsqu'elles sont humides, soit lorsqu'elles sont sèches. Pour labourer à une même profondeur, on éprouve souvent moitié moins de résistance que dans les terres fortes.

Les terres qui présentent ces caractères sont partout appelées des **terres légères**. Nous avons vu précédemment que ce sont celles dans la composition desquelles le *sable* entre en proportion considérable.

94. — Comme transition entre ces deux catégories de terres, les cultivateurs placent ce qu'ils appellent les **terres franches**.

Les terres franches participent à la fois de la nature des terres fortes et de celle des terres légères, mais de telle manière que les défauts de ces deux catégories de terres sont fortement atténués.

Si les terres fortes et les terres légères se présentent presque partout avec des caractères à peu près identiques, il n'en est pas de même des terres franches. En effet, ces dernières doivent surtout leur appellation à une comparaison avec les deux autres sortes de terre. Il arrive donc que, suivant les régions, parfois même dans des localités assez peu éloignées les unes des autres, on donne le même nom de terres franches à des terres qui présentent des caractères assez différents.

L'expression est vague en elle-même; pour lui donner un sens précis, on l'applique presque toujours par comparaison avec d'autres terres dont les caractères sont bien déterminés.

95. — Que les terres soient fortes, franches ou légères, il faut, pour qu'elles soient productives, qu'elles renferment des **matières organiques** dans une certaine proportion.

Les matières organiques proviennent surtout de la décomposition, dans la terre ou à sa surface, des racines, des feuilles, des plantes qui y ont poussé, des cadavres des animaux qui y ont vécu.

L'ensemble des matières organiques, dans le sol, forme ce que l'on appelle l'**humus**.

Une terre qui ne renferme qu'une proportion insuffisante de matières organiques, est une terre **maigre**.

Toute terre qui ne renferme pas de matières organiques est condamnée à la stérilité.

96. — Les **terres pierreuses** sont celles dans lesquelles il y a une proportion de pierres qui forme une partie notable du volume total de la terre.

Dans les terres de cette nature, les pierres sont le plus souvent divisées en fragments plus ou moins gros, de volume presque toujours inégal.

Heureusement les terres pierreuses ne se rencontrent pas très fréquemment. Sauf quelques exceptions, elles sont très difficiles à travailler, et la plupart du temps peu productives.

97. — On dit d'une terre qu'elle est **fertile** ou **infertile**.

La *fertilité* est la faculté que possède le sol de produire des récoltes abondantes.

Ce mot doit être pris dans un sens relatif. En effet, d'une manière générale, presque toutes les terres sont fertiles pour certaines plantes, infertiles pour d'autres plantes.

C'est dans ce sens que doivent être comprises les expressions souvent employées de *terre à seigle, terre à blé, terre à luzerne, terre à pommes de terre*, etc.

La fertilité pour la production de certaines plantes cultivées peut être naturelle à un sol. Elle peut, au contraire, être le résultat de travaux de culture prolongés et bien conduits.

QUESTIONNAIRE. — Quels sont les signes d'après lesquels les cultivateurs distinguent ordinairement les terres ? — Qu'est-ce qu'une terre forte ? — Quels en sont les caractères distinctifs ? — Qu'appelle-t-on terre légère ? — Quelles sont leurs principales propriétés ? — Qu'est-ce qu'une terre franche ? — Existe-t-il plusieurs sortes de terres franches ? — Quel est le rôle des matières organiques dans les terres arables ? — Qu'est-ce qu'une terre maigre ? — Qu'appelle-t-on terres pierreuses ? — Qu'est-ce que la fertilité ? — Quand dit-on qu'une terre est fertile ou infertile ?

SEIZIÈME LEÇON

98. — Les terres qui ne sont pas cultivées s'appellent des **terres incultes** (fig. 60).

Suivant les pays, les terres incultes reçoivent différents noms. Ici on les appelle des *landes*, ailleurs des *pâtis*, ailleurs encore des *brandes*, des terres *hermes*, etc.

A la surface des terres incultes, on voit pousser un grand nombre de plantes qui y croissent spontanément, sans aucune espèce de culture. Ces plantes forment la *végétation spontanée* du pays. Elles diffèrent suivant la nature du sol; on ne rencontre pas les mêmes espèces sur toutes les landes.

99. — Lorsque, dans une lande, vous voyez prospérer le *genêt*, la *bruyère*, la *spergule*, la *canche*, la *fétuque*, et, parmi les arbres, le *bouleau*, le *châtaignier*, le *pin maritime*, soyez certain que vous vous trouvez en présence d'une terre sablonneuse ou siliceuse.

Si les plantes qui dominent sont l'*agrostide*, le *vulpin*, le *dactyle*, les *prêles*, le sol est argileux.

Enfin, sur les terres blanches ou jaunâtres, de nature calcaire, poussent de préférence la *sauge*, le *pavot*, le *chardon*, la *centaurée*, et parmi les arbres principaux, le *frêne commun* et le *noisetier*.

Il y a bien quelques exceptions; mais lorsque les plantes qui viennent d'être indiquées, poussent dans un terrain en grande quantité et avec vigueur, on

FIG. 60. — Lande ou terre inculte.

peut être certain qu'elles en indiquent bien la composition principale.

100. — Voici, d'autre part, des indications sur la nature des terres qui sont propres à produire quelques-unes des *plantes cultivées* les plus importantes.

Dans les terres où le sable domine, le *seigle* est la principale céréale de grande culture. Les *sapins* et les *pins* sont les arbres qui s'y développent bien.

Dans les sables calcaires qui ont une consistance suffisante, les *froments* viennent bien, ainsi que les plantes qui mûrissent au commencement de l'été.

101. — Les terres argileuses tenaces sont particulièrement propres au *blé*, au *trèfle*, aux *fèves*; la *luzerne* et le *sainfoin* n'y prospèrent que rarement.

Les terres argilo-calcaires sont propres à la culture du *blé*. Si l'on y ajoute du plâtre, le *trèfle* et la *luzerne* peuvent y prendre un développement vigoureux. Ces terrains sont propres aussi à produire de belles *prairies*.

Les terres de nature calcaire se couvrent naturellement de *prairies* d'une herbe fine et succulente; la *luzerne* et le *trèfle* y viennent généralement bien. Lorsque la saison n'est pas trop sèche, le *blé* et l'*orge* y donnent d'abondantes récoltes.

102. — Le cultivateur peut-il *modifier*, complètement ou dans une certaine proportion, la *nature des terres arables* qui forment son domaine?

Sans doute, il est impossible de changer complètement la nature des terres arables; mais il est possible, par des travaux bien faits, d'en accroître les qualités ou d'en atténuer les défauts.

C'est généralement en ajoutant à une terre arable d'autres substances, ayant des propriétés différentes des siennes, que l'on arrive à ce résultat.

103. — Les principaux défauts des terres arables sont une trop grande *compacité* ou une excessive *ténuité*, un excès d'*humidité* ou de *sécheresse* ; elles peuvent être encore ou trop *froides* ou trop *chaudes*.

Pour modifier une terre trop compacte, on y ajoute des substances plus ténues. Ainsi, aux argiles on peut mêler des terres siliceuses, ou bien, comme nous l'avons déjà vu, du calcaire sous forme de chaux ou de marne.

Au contraire, dans une terre trop sablonneuse, on peut apporter de l'argile, afin de la rendre plus tenace.

Ces opérations exigent le plus souvent beaucoup de travail et de persévérance de la part des cultivateurs.

104. — Une terre trop humide peut être assainie, au moins en partie, par des travaux de culture souvent répétés, qui en maintiennent la surface émiettée, de telle sorte que l'air puisse y pénétrer, et que l'excédent d'eau s'écoule facilement.

On peut arriver au même résultat plus complètement par une opération spéciale, le *drainage*, dont il sera question dans le cours supérieur.

Parmi les moyens à employer pour modifier la nature des terres, il y en a qui sont à la portée de tous les cultivateurs, par exemple de bons travaux de culture, et l'emploi de quantités considérables de fumier, qui enrichit le sol de matières organiques et de substances minérales, toujours favorables au développement des plantes cultivées.

105. — L'influence des *labours* et celle des *fumiers* feront l'objet de leçons spéciales ; il n'y a donc pas lieu d'y insister davantage en ce moment. Mais vous devez retenir cette vérité :

La production de la plus grande quantité possible de fumier dans une ferme est, à tous les points de vue, *le meilleur moyen d'obtenir d'excellentes et d'abondantes récoltes.*

QUESTIONNAIRE. — Qu'est-ce qu'une terre inculte? — Quels sont les principaux noms que l'on donne aux terres incultes? — Qu'appelle-t-on végétation spontanée dans un pays? — Quelles sont les plantes qui poussent le mieux dans les terres sablonneuses? — dans les sols argileux? — dans les terres calcaires? — Quelles sont les natures de terres qui sont le plus propices à la production du seigle? — du blé? — du trèfle? — de la luzerne? — des prairies? — Le cultivateur peut-il modifier la nature des terres? — Comment arrive-t-il à ce résultat? — Comment modifie-t-on les terres sablonneuses? — les terres argileuses? — les terres humides? — Quel est le résultat des travaux de culture? — de l'emploi du fumier?

MAXIMES AGRICOLES

Deux terres inégalement fertiles diffèrent souvent plus par leur profondeur que par leur composition.

Le bon cultivateur ne demande à la terre que ce qu'elle peut donner, eu égard à sa nature et à sa situation.

DIX-SEPTIÈME LEÇON

PROFONDEUR DES TERRES ARABLES — SOUS-SOL

106. — Parmi les qualités des terres, il en est une sur laquelle il faut insister spécialement: c'est la **profondeur**.

On dit d'un sol qu'il est *profond*, lorsque la couche supérieure d'une nature uniforme dans laquelle pénètrent les racines des plantes annuelles, présente une épaisseur de plusieurs décimètres.

Au-dessous se trouve le **sous-sol**, dont la nature peut exercer une grande influence sur les qualités du sol lui-même.

107. — Lorsque la terre arable présente les qualités propres à une production abondante des plantes cultivées, sa profondeur est une qualité qui s'ajoute aux premières, et qui doit faire la joie du cultivateur, Dans ce cas, en effet, si profondément que descendent les racines des plantes, elles trouvent des conditions favorables à leur développement.

Au contraire, si la terre arable n'est que de médiocre qualité, il peut être avantageux qu'elle soit peu profonde. Toutefois il est nécessaire, dans ce cas, que le sous-sol ait des qualités qui permettent, grâce à son mélange avec la terre arable, d'améliorer celle-ci.

108. — Dans toutes les circonstances, le *sous-sol* exerce, suivant qu'il se laisse ou non pénétrer par les eaux, *une influence considérable sur l'humidité ou la sécheresse de la terre arable.*

Vous comprenez facilement que si le sous-sol est *imperméable*, l'eau qui tombe sur la couche superficielle du sol, sous forme de pluie, y demeure *stagnante*, et y entretient une humidité nuisible à la végétation.

Bien plus, si le terrain forme le fond d'une vallée, les eaux qui découlent des parties supérieures viennent s'y accumuler et s'ajoutent à celles qui tombent directement, pour accroître l'humidité du sol. C'est ainsi que se forment les *marais*, qui doivent être desséchés et assainis pour devenir des terres productives.

109. — Lorsque le sous-sol est *très perméable*, les choses se passent autrement. L'eau qui a traversé la terre arable s'infiltre facilement dans le sous-sol, et il en résulte que la terre arable ne renferme jamais un excès d'eau. On dit alors que le sol s'égoutte facilement.

C'est une qualité, lorsque l'égouttement ne se produit pas trop rapidement.

Lorsque l'eau passe avec une trop grande rapidité du sol dans le sous-sol, il peut se faire que la terre devienne aride, par excès de sécheresse.

L'excès en tout est un défaut. Ce proverbe s'applique très bien à ces matières.

110. — Nous avons vu déjà que les terres arables peuvent présenter les caractères les plus variés, depuis la *ténacité* complète jusqu'à une *perméabilité* absolue. On pourrait former, avec les différences de caractères qu'elles présentent, une sorte d'échelle, avec des divisions extrêmement nombreuses.

Il en est à peu près de même en ce qui concerne le sous-sol; mais ici la division serait beaucoup moins compliquée. En effet, *la nature du sous-sol est beaucoup plus uniforme qae celle de la terre superficielle.*

Cette plus grande uniformité de composition résulte de ce fait, que le sous-sol n'étant pas soumis, comme la terre arable, à l'influence directe des agents extérieurs, conserve mieux sa forme et sa composition primitives.

111. — Au point de vue de l'action de l'eau, il n'y a que quatre classes à établir, suivant que le sous-sol est *argileux, argilo-calcaire, argilo-sablonneux* ou purement *sablonneux.*

Le sous-sol *argileux* retient l'eau d'une manière absolue, tandis que les autres sous-sols se laissent plus ou moins pénétrer, suivant la proportion de sable qu'ils renferment.

Le sous-sol *sablonneux* est, comme la terre sablonneuse, celui qui se laisse le plus facilement pénétrer par l'eau, sans la retenir.

112. — Lorsque le terrain est en *pente*, l'imperméabilité du sous-sol n'a qu'une influence restreinte; en effet, les eaux glissent sur le plan incliné qu'il forme, et n'y demeurent pas stagnantes.

Dans les vallées, au contraire, et surtout dans celles qui sont constituées par des bas-fonds, entre plusieurs coteaux, la situation est tout à fait différente. Dans ce cas, le sous-sol imperméable présente de graves inconvénients ; il est la cause d'une humidité contre laquelle le cultivateur doit réagir.

Il faut alors recourir à tous les travaux par lesquels on peut chasser cet excès d'eau stagnante. Il faut avoir recours aux *fossés d'écoulement*, ainsi qu'au *drainage*, pour atteindre ce but.

113. — Certains travaux de culture, lorsque la terre arable ne présente pas une très grande profondeur, peuvent atteindre le sous-sol.

La partie supérieure du sous-sol peut être attaquée par les labours profonds. Elle est alors mélangée avec la terre arable, de manière à en modifier la nature. Ce travail présente souvent de grands avantages.

Par exemple, si le sous-sol est calcaire ou argileux, et si la terre arable manque de calcaire ou d'argile, en mélangeant par le labour quelques centimètres du sous-sol avec la terre arable, on en modifie heureusement la nature. Mais ces travaux ne sont possibles que dans le cas où la terre arable ne présente pas une profondeur supérieure à celle que peuvent atteindre les instruments de labour.

QUESTIONNAIRE. — Qu'appelle-t-on profondeur dans une terre arable? — Qu'est-ce que le sous-sol? — Le sous-sol exerce-t-il une influence sur l'humidité du sol? — Comment les marais se forment-ils? — La composition d'un sous-sol présente-t-elle des variations considérables? — Quelle est l'influence sur le sol d'un sous-sol argileux ou sablonneux? — Qu'arrive-t-il lorsqu'un sous-sol imperméable est en pente? — Comment peut-on remédier à l'imperméabilité du sous-sol? — Quel peut être l'avantage du mélange de la terre arable avec le sous-sol?

DIX-HUITIÈME LEÇON

CE QUE LES PLANTES PRENNENT DANS LE SOL

114. —Si l'on soumet à l'action du feu une plante tout entière ou quelqu'une de ses parties, racines, tiges ou feuilles, etc., *la plante est brûlée.*

Une partie disparaît sous forme de *gaz* ou de *fumée.* C'est ce qu'on appelle la *matière organique.*

Une autre partie reste à l'état *solide* et forme la matière minérale ou la *cendre,* qui est le résidu de la combustion.

Avec la matière organique, l'*eau* que contiennent toujours les tissus des plantes s'est échappée également.

115. —*La proportion entre la matière organique et les cendres varie beaucoup dans les diverses plantes,* suivant l'espèce, l'âge, les organes que l'on examine.

Dans les *tiges* des plantes herbacées, à l'état vert, la proportion des cendres s'élève à environ un centième du poids total; lorsque les tiges sont sèches, cette proportion peut atteindre un dixième du poids total.

En ce qui concerne les *plantes ligneuses,* la proportion des cendres varie beaucoup pour les divers organes. Elle est généralement plus grande dans les *feuilles* où elle forme de 5 à 19 centièmes du poids total. Elle est plus forte dans les *écorces* que dans le *cœur du bois.* Tout le monde sait combien est faible la quantité de cendres laissées par des bûches ou des fagots qu'on a fait brûler dans une cheminé.

116. — La composition de la *matière organique* des plantes diffère beaucoup de celle des cendres.

La *matière organique* est formée par des combinaisons très nombreuses de quatre corps simples : l'*oxygène*, l'*hydrogène*, le *carbone* et l'*azote*. Ces combinaisons se font entre ces corps deux à deux, trois à trois ou quatre à quatre.

117. — L'*oxygène*, qui fait partie de l'air, entoure les organes des plantes depuis les feuilles jusqu'aux racines ; il joue un grand rôle dans la végétation. Si on l'empêche d'arriver jusqu'à la plante, celle-ci meurt.

L'*hydrogène* est un des corps qui forment l'eau, absolument nécessaire à toute végétation. L'eau doit exister dans l'atmosphère et dans le sol, à l'état de vapeur ou à l'état liquide, pour que les plantes puissent vivre. Elle leur est fournie par les pluies, les brouillards, les rosées, les sources souterraines, et au besoin par les irrigations.

Le *carbone* existe dans l'air à l'état d'acide carbonique. C'est de la respiration des animaux, de la combustion des foyers, des fermentations, que provient l'acide carbonique. Il est aussi dégagé du sein de la terre par les volcans et un grand nombre de fissures. Sous l'influence de la lumière, les plantes décomposent l'acide carbonique de l'air, et s'assimilent le carbone.

L'*azote*, qui existe dans l'air, n'exerce directement aucune action sur la végétation des plantes. Mais, sous diverses influences, il se combine avec l'hydrogène pour former l'*ammoniaque*, et avec l'oxygène pour former ce qu'on appelle des *nitrates*. Ces corps, dissous dans l'eau, sont absorbés par les racines et pénètrent dans les plantes.

118. — Les matières minérales des plantes, qu'on appelle aussi les *cendres*, parce qu'on les sépare en brûlant, en incinérant les végétaux, sont constituées par des *combinaisons nombreuses* des corps simples qui viennent d'être indiqués avec d'autres corps de nature plus stable.

Toutes les matières minérales des plantes, de même qu'un corps spécial sans lequel il n'existe pas d'être organisé, l'*azote*, proviennent du sol.

Si les corps qui constituent ces matières minérales sont abondants dans la terre arable et s'y trouvent dans des conditions telles qu'ils soient facilement absorbés par les plantes, les récoltes seront très belles.

Si, au contraire, ils viennent à manquer, les récoltes seront faibles.

119. — Dans les terres arables, la plupart des matières minérales nécessaires aux plantes se trouvent en quantité suffisante, parfois même surabondante, pour de nombreuses récoltes successives.

Quelques-unes sont en proportion beaucoup plus faible; elles viennent même parfois à manquer. Il suffit que vous sachiez aujourd'hui que les substances qui peuvent le plus souvent faire défaut, sont les combinaisons dans lesquelles entrent l'*azote*, la *chaux*, l'*acide phosphorique* et la *potasse*.

Le cultivateur habile sait se rendre compte de ces circonstances, et il apprend à suppléer, par des engrais convenables, aux défauts des sols qu'il cultive ; on dit avec raison que les engrais complètent le sol arable.

QUESTIONNAIRE. — Qu'est-ce que la matière organique dans les plantes ? — Qu'appelle-t-on cendres ? — Quelle est la proportion entre la matière organique et les cendres dans les tiges, les feuilles, les écorces ? — Quels sont les corps simples qui entrent dans la formation de la matière organique des plantes ? — Quel est le rôle de l'oxygène ? — de l'hydrogène ? — du carbone ? — de l'azote ? — Comment les cendres sont-elles formées ? — D'où proviennent les matières minérales des plantes ? — Quelles sont les matières minérales qui peuvent faire défaut dans la terre arable ?

MAXIMES AGRICOLES

N'ensemencer que le terrain qu'on peut fumer.

Le sol est vite épuisé, quand on récolte sans rien lui rendre.

Le travail a des racines amères, mais des fruits bien doux.

Qui épuise ses terres vide sa bourse.

Il n'y a de bonne pratique que celle qui se fait avec science.

DIX-NEUVIÈME LEÇON

DÉFINITION ET ROLE DES ENGRAIS

120. — On donne le nom d'engrais *à toutes les substances* que le cultivateur emploie à l'effet *d'assurer ou d'accroître la production* des plantes qu'il cultive.

Toute substance qui, mise dans le sol, en accroît ou en maintient la fertilité, en servant à la nourriture des plantes qu'on veut récolter, doit être considérée comme engrais.

Pendant longtemps on a établi une distinction absolue entre les *engrais* et ce qu'on appelle des *amendements.* Mais il peut arriver que les deux qualités d'engrais et d'amendement se rencontrent dans la même substance.

121. — En réalité, l'amendement doit être considéré comme une *amélioration* du sol, résultant du travail du cultivateur. Par exemple, le *labour* d'un sol est un amendement, une amélioration, parce qu'il met le sol dans des conditions telles, qu'il peut donner des récoltes plus abondantes, ou produire des plantes qui n'y auraient pas poussé s'il avait été laissé à l'état inculte.

De même, le *drainage* est un amendement, parce qu'il améliore le sol, en le débarrassant de l'excès d'eau qu'il renfermait et qui était nuisible à la végétation des plantes cultivées, et en ce qu'il permet à l'air de circuler dans la couche arable.

122. — Il faut en dire autant, dans beaucoup de

circonstances, de l'irrigation, qui fournit d'ailleurs au sol l'eau nécessaire à la bonne et active végétation des plantes.

Les amendements ne sont donc pas des engrais; ce sont des améliorations de la constitution physique du sol. Toute substance qui, ajoutée à la terre, en conserve ou en augmente les principes fertilisants assimilables par les plantes, est réellement un engrais. Mais parmi les amendements ou améliorations du sol il faut aussi placer l'action des engrais.

On doit donc regarder comme engrais tout ce qui est ajouté à la terre pour entrer dans la constitution des plantes, et réserver le nom d'amendements à toutes les opérations et à toutes les substances qui modifient les propriétés physiques de la terre, sans rien ajouter aux matières susceptibles de nourrir les végétaux.

123. — Dans ce sens large, mais le seul qui soit réellement vrai, *les engrais sont extrêmement nombreux.* Leur caractère général, sous quelque forme qu'ils se présentent, est d'être un *complément* de la terre.

C'est ainsi que se trouve déterminé le rôle des engrais : ils ajoutent à la terre quelque chose qui lui manquait pour servir à composer les récoltes qu'on lui demande.

Mais les principes qui peuvent manquer à la terre ne sont pas les mêmes, quand on considère la variété des récoltes qu'on peut lui demander. Certaines plantes préfèrent certains principes; d'autres recherchent des matières différentes. Par exemple, le blé et la vigne n'ont pas les mêmes besoins.

Les *engrais* doivent donc être considérés comme des *compléments de la terre* au double point de vue de sa *composition* et de la *nature* des récoltes qu'elle est destinée à porter.

Les cultivateurs ne doivent jamais oublier que les engrais doivent varier suivant la nature des terres ; ils doivent différer, aussi, dans certaines limites, suivant la nature des plantes qu'on y cultive.

124. — Relativement à leur *influence* directe sur la terre, les engrais ont un double rôle.

Ils peuvent être employés, principalement pour modifier la consistance du sol, notamment la ténacité ou la mobilité. C'est ainsi qu'à une terre argileuse ou trop compacte, on ajoute des matières sableuses, pour en diminuer la ténacité. C'est ainsi, au contraire, qu'à une terre presque exclusivement sablonneuse, on ajoute de l'argile pour en augmenter la ténacité. Les engrais agissent alors comme des amendements.

Les engrais peuvent, d'un autre côté, être employés principalement en vue de mettre dans le sol des matières utiles qui lui manquent. Par exemple, à une terre qui manque de chaux, on ajoute de la chaux, soit sous forme de chaux même, soit sous forme de carbonate de chaux ou de marne calcaire.

125. — La première condition à remplir pour faire un usage judicieux des engrais, est donc de *connaître la nature du sol*. De leur emploi régulier

dépend pour le cultivateur, en grande partie, le succès de ses opérations.

Aucun sol, quelque riche qu'il soit, *ne peut être cultivé indéfiniment sans que l'on y apporte des engrais*. Chaque récolte prend dans la terre les principes qui la constituent. La terre s'appauvrit donc plus ou moins vite, suivant que les récoltes sont plus ou moins abondantes. Si l'on n'y ajoute pas des engrais, au bout d'un temps plus ou moins long, l'épuisement devient complet, et la terre est désormais stérile.

Il faut restituer à la terre arable les matières que les récoltes lui enlèvent.

Sous ce rapport, on peut diviser les produits agricoles en deux catégories : ceux qui sont vendus et dont, par conséquent, aucune partie ne revient à la terre ; ceux qui sont consommés dans la ferme, et dont une partie revient aux champs, l'autre partie étant assimilée par les hommes et les animaux qui s'en nourrissent.

QUESTIONNAIRE. — Qu'appelle-t-on engrais? — Faut-il distinguer les engrais des amendements? — Qu'est-ce qu'un amendement? — — Les engrais sont-ils nombreux? — Pourquoi dit-on qu'ils sont le complément du sol? — Comment leur rôle est-il déterminé? — Tous les engrais exercent-ils la même influence sur la terre? — Quelles sont les conditions à remplir pour faire un bon emploi des engrais? — Peut-on cultiver avantageusement sans employer d'engrais?

VINGTIÈME LEÇON

ORIGINE DES ENGRAIS

126. — Les engrais employés dans la ferme sont d'origine très diverse.

Pour le cultivateur, les engrais appartiennent, en dehors de leur nature propre, à deux catégories tout à fait distinctes.

La première catégorie comprend *les engrais qui peuvent être préparés dans la ferme;* la deuxième renferme *les engrais qui doivent être achetés.*

Les engrais fabriqués dans la ferme sont ceux que l'on emploie le plus communément, par la raison que le cultivateur peut en disposer sans faire de dépense. En outre, ces engrais sont constitués par des résidus qui seraient encombrants et dont il serait difficile de se débarrasser, s'ils ne formaient précisément des matières fertilisantes que l'on trouve avantage et profit à répandre sur les terres cultivées.

127. — Au premier rang de ces engrais se placent les *déjections* des hommes et des animaux domestiques. Dans les villes, ces déjections sont des matières dont on se débarrasse au plus vite, parce que leur accumulation serait nuisible à la santé des habitants. Dans les fermes, au contraire, elles sont précieuses, parce qu'elles servent à rendre aux champs une partie des principes qui leur ont été enlevés par les récoltes. Les substances consommées par les hommes et les animaux reviennent ainsi, en partie, aux terres qui les ont fournies.

Les *débris de cuisine*, les *eaux ménagères*, tous les *résidus* de la ferme, les *balayures* des rues et des cours, servent aussi à former des engrais, que l'on prépare dans les exploitations rurales. On en fait ce que l'on appelle des *composts*, dont la variété est grande. Outre les avantages que l'on tire de ces mélanges comme matière fertilisante, l'habitude de les préparer introduit dans la ferme un ordre et une propreté dont on ne saurait trop apprécier l'importance.

128. — *Les engrais fabriqués dans la ferme ne suffisent pas pour maintenir la fertilité des terres.* Une partie des récoltes est toujours vendue; par conséquent, les substances qui les forment sont perdues pour la terre d'où elles proviennent. Il en est de même de toutes celles qui servent au développement des animaux. C'est donc une erreur de croire que les engrais qui ont leur origine dans la ferme suffisent pour maintenir la fertilité des terres de cette ferme.

Pour bien faire comprendre cette vérité, supposons que, dans un sac de blé, nous prenions chaque matin vingt grains pour en remettre dix le soir. Au bout d'un certain temps le sac sera vidé. La terre peut être comparée à ce sac: si on ne lui rend qu'une partie de ce qu'on lui a pris, elle s'appauvrit, et finit par être tout à fait infertile.

129. — *Le cultivateur doit acheter des engrais.*

Les engrais qu'il peut acheter sont très nombreux. On les divise, à leur tour, en deux grandes catégories : les engrais *d'origine organique*, c'est-à-dire formés par les débris des plantes ou des animaux, et les engrais d'*origine inorganique* ou *minérale*.

Les engrais organiques sont formés par des matières végétales ou animales. Il y en a de très nombreuses espèces. Le principal engrais *animal* est le *guano*, formé par des fientes et des débris d'oiseaux, qui constituent d'immenses dépôts dans plusieurs îles de l'Amérique méridionale. Parmi les engrais *végétaux*, les *tourteaux* et les *cendres* doivent être placés au premier rang.

130. — Les engrais *minéraux* sont constitués, soit par des roches formant des gisements considérables, soit par des produits de l'industrie, soit par des résidus de certaines fabrications. Les *phosphates minéraux* appartiennent à la première catégorie; le *sulfate d'ammoniaque*, employé comme engrais, est un produit industriel; les déchets des fabriques de lainages sont des résidus.

Des fraudes peuvent être commises dans le commerce des engrais. Les cultivateurs doivent apporter une grande prudence dans leurs achats, ne prendre que des engrais dont la composition est connue ou garantie, et ne s'adresser qu'à des vendeurs dont la loyauté est au-dessus de tout soupçon.

QUESTIONNAIRE. — Comment les engrais sont-ils divisés au point de vue de leur origine? — Quels sont les engrais que l'on emploie le plus communément? — Quel est le rôle, comme engrais, des déjections des animaux? — Quels sont les principaux résidus de la ferme qui servent à faire des engrais? — Les engrais de ferme suffisent-ils pour entretenir la fertilité des terres? — En combien de catégories divise-t-on les engrais que le cultivateur peut acheter? — Qu'appelle-t-on engrais végétal? — engrais minéral?

VINGT ET UNIÈME LEÇON

LE FUMIER

131. — Le **fumier** est formé par le *mélange de la litière des animaux domestiques avec leurs excréments et avec leurs urines.*

C'est pour le cultivateur le premier des engrais ; car c'est celui qui lui coûte le moins cher, celui dont la quantité et la valeur dépendent uniquement de ses efforts. Le soin qu'il donne au fumier de son écurie, de son étable, de sa bergerie, de sa porcherie, de sa basse-cour, est un des signes auxquels on reconnaît le cultivateur soucieux de ses intérêts.

La *quantité* de fumier fournie par les diverses *races* d'animaux domestiques varie selon ces races. Elle dépend, pour une même race, de l'*abondance* et de la *qualité de l'alimentation ;* elle dépend aussi de l'abondance et de la nature de la *litière.*

132. — Les *déjections* solides des animaux se mélangent avec leur litière, qui absorbe une partie des *urines.* Le reste des urines s'écoule sur le sol.

Il est nécessaire que le sol des écuries et des étables ne soit pas perméable, pour qu'il n'absorbe pas les urines. Les urines, qui constituent ce qu'on appelle le **purin,** doivent s'écouler dans des rigoles qui les conduisent, au dehors, dans une fosse couverte.

133. — La litière est le plus souvent formée de la *paille des céréales.* Cette paille donne aux animaux un *coucher* agréable, en même temps qu'elle *absorbe* en grande partie les urines.

On se sert aussi, dans quelques circonstances, surtout lorsque l'on n'a pas de paille en quantité suffisante, des tiges d'autres plantes pour former les litières. On a recours aux *bruyères*, aux *fougères*, aux *feuilles d'arbres*, à la *mousse*, à la *tourbe*, à la *sciure de bois*, quelquefois même à de la *terre sèche*.

134. — La litière doit être *renouvelée* assez fréquemment pour que les animaux soient maintenus propres. Il est bon de la changer deux fois par semaine dans les *écuries* et dans les *étables*, en ajoutant chaque jour une légère *couche de paille* sur celle qui a été salie par les déjections.

Dans les *bergeries*, on peut maintenir la litière plus longtemps, et ne la renouveler que de deux semaines en deux semaines.

135. — La quantité de fumier que produisent les animaux domestiques, varie selon les espèces ou les races auxquelles ils appartiennent. Cela est facile à comprendre, puisque les animaux des différentes races consomment des quantités de nourriture différentes.

Cette quantité varie aussi avec le *temps* que les animaux passent dans leurs logements. Elle est plus grande quand les animaux sont soumis à la *stabulation permanente*, c'est-à-dire renfermés jour et nuit.

Elle est plus faible, au contraire, quand on envoie les animaux, pendant la totalité ou une partie des journées, à la *pâture*, ou quand ils *travaillent* au dehors. En effet, dans ces circonstances, une partie des déjections solides et liquides est disséminée sur les routes ou dans les champs.

136. — La quantité de fumier fournie par les ani-

maux est en proportion avec l'**abondance de la nourriture** qu'on leur donne.

Les animaux qui sont largement nourris, par exemple ceux que l'on engraisse pour la boucherie, *donnent beaucoup plus de fumier* que ceux que l'on nourrit avec des fourrages de qualité médiocre.

L'abondance de la nourriture a donc pour effet non seulement de maintenir les animaux en bon état et d'en assurer le développement, mais encore d'accroître la quantité de fumier qu'ils fournissent.

On peut dire, d'une manière générale, qu'une bête bien pourvue en litière et en fourrage donne, par an, une quantité de fumier égale à vingt fois au moins son poids.

137. — Quelle que soit l'importance du fumier, c'est une erreur de penser que les animaux des fermes sont élevés et nourris par le cultivateur spécialement en vue de la production du fumier. *Ils sont entretenus pour donner des produits directement utiles,* sous forme de *travail,* de *viande,* de *lait,* etc.

Le fumier est un produit indirect, un résidu, qui est extrêmement utile pour le cultivateur, puisqu'il y trouve un de ses plus puissants moyens de fertilisation. Mais ce n'est pas en vue du fumier qu'il fournit, que l'on élève du bétail.

VINGT-DEUXIÈME LEÇON

SOINS A DONNER AU FUMIER

138. — Les fumiers des diverses espèces d'animaux domestiques ne présentent pas les mêmes caractères. Ceux qui s'échauffent rapidement sont appelés **fumiers chauds**, par opposition à ceux qui s'échauffent plus lentement, et qui sont appelés **fumiers froids**.

Les fumiers des *chevaux* et des *moutons* sont des fumiers *chauds* ; ceux des *bœufs*, des *vaches*, des *porcs*, sont des fumiers *froids*.

Le plus souvent, dans les fermes, les fumiers de toutes les espèces d'animaux sont *mélangés* ensemble au sortir des écuries, des étables, des bergeries, des porcheries, des basses-cours, de manière à constituer une masse unique, que l'on rend aussi homogène que possible par des manipulations convenables.

139. — Les fumiers sont appelés **pailleux** ou **longs**, lorsqu'ils sortent des étables, et que la paille qui a servi de litière n'est pas encore décomposée.

Plus tard, lorsque la décomposition est avancée, on dit que les fumiers sont **courts**, ou qu'ils sont **gras**.

Lorsque la décomposition de la litière est achevée, le fumier présente l'aspect d'une *masse noirâtre*, demi-fluide, qui reçoit alors, dans quelques pays, le nom de *beurre noir*.

A mesure que ces changements s'opèrent, *le vo-*

lume du fumier diminue, et il devient plus lourd et plus compact. Pendant l'été, la transformation du fumier long en fumier court se fait assez rapidement ; elle est achevée dans l'intervalle de deux à trois mois. Pendant l'hiver, elle est plus lente, et elle dure trois à quatre mois.

140. — Au sortir des étables, le fumier est disposé régulièrement en couches horizontales qui, en se superposant, finissent par former ce qu'on appelle le *tas* de fumier. On établit ce tas, soit dans une cavité creusée dans la cour de la ferme, et qui porte le nom de **fosse à fumier**, soit sur une partie du sol de la cour, qui reçoit le nom de **plate-forme** ou **aire à fumier**.

Le fond de la fosse à fumier, de même que l'aire de la plate-forme, sont *englaisés* ou *cimentés* avec soin, *maçonnés* au besoin, afin que rien ne se perde du liquide qui s'écoule du fumier.

Autour de la fosse ou de la plate-forme, on établit une petite *rigole*. Cette rigole est destinée d'abord à recueillir le liquide du fumier, et ensuite à empêcher que les eaux de la cour ne viennent se perdre dans le tas.

La rigole aboutit à un *réservoir couvert*, dans lequel on doit recueillir le *purin*, formé par tous les *liquides* qui sortent des écuries, des étables, des bergeries, des porcheries, et ceux qui proviennent du fumier par égouttement.

141. — Chaque fois que l'on tire le fumier des étables, on l'étend à la partie supérieure du tas, uniformément. Le fumier nouveau recouvre ainsi toujours le fumier ancien. Il est utile de faire *pié-*

tiner, de temps en temps, le fumier par les animaux, pour que la masse se tasse régulièrement.

Les dimensions de la fosse ou de la plate-forme à fumier doivent varier suivant la *quantité* de fumier qui est produite par les animaux de la ferme. La règle à suivre est de lui donner une étendue suffisante

FIG. 61. — Mauvaise disposition de la fosse à fumier.

pour que le fumier ne dépasse jamais la hauteur d'un mètre et demi à deux mètres.

142. — Trop souvent, dans les fermes, on voit les *urines* non absorbées par la litière s'écouler des étables dans les cours, les liquides qui sortent du fumier lavé par les pluies tombant directement ou provenant des toits voisins couler aussi de tous les côtés, pour aller se perdre dans les mares ou dans les fossés du chemin (fig. 61). C'est la plus grande

perte que le cultivateur puisse éprouver. L'insouciance qu'il témoigne dans ce cas ne peut provenir que de son ignorance, car il lui est facile de l'empêcher à peu de frais; il suffit de quelques soins.

Un agriculteur habile et empressé de propager avec un rare dévouement tous les progrès, M. Vandercolme, a imaginé un moyen très simple et peu coûteux pour améliorer les *fosses à fumier*, et les transformer en quelque sorte. Avec une très faible dépense, des fosses à fumier défectueuses sont mises à l'abri des eaux des toits, et ne laissent perdre aucune partie des liquides du fumier.

Autour de la fosse à fumier (fig. 62), dont la profondeur est de 1 mètre, on établit, sur trois côtés, un parapet en terre qui empêche les eaux de la cour, et celles tombant des toits, d'y affluer. Sur le quatrième côté, est tracé un ruisseau en pavés de briques ou de pierres qui entraîne toutes les eaux pluviales des environs à un petit réservoir rempli de briques cassées aboutissant à un tuyau de drainage; ce tuyau conduit toutes ces eaux au dehors.

Le purin, étendu des eaux pluviales qui tombent sur la surface du fumier, et dont une partie s'évapore, reste tout entier sans se mélanger aux eaux du dehors. Ces travaux de défense ne demandent que de très faibles dépenses d'entretien.

143. — Chaque année, on a à déplorer, en France, une énorme déperdition d'engrais, qui tient à ce que l'on néglige les précautions les plus simples. C'est par centaines de millions de francs que se chiffre la perte annuelle qui provient du lavage des

fumiers par les eaux et de la déperdition du purin. Si l'on employait le procédé peu coûteux et très efficace qui vient d'être indiqué, on réaliserait d'immenses bénéfices.

Empêcher les eaux des toits et celles des cours d'affluer au tas de fumier, arrêter l'écoulement au

FIG. 62. — Bonne disposition de la fosse à fumier.

dehors du liquide de fumier, c'est à quoi doivent tendre, avant tout, les bons cultivateurs.

144. — Lorsque le fumier est en tas, une fermentation se produit à l'intérieur de la masse; sa température s'élève, et des vapeurs s'en échappent. Ces vapeurs blanches, que vous voyez sortir au-dessus du tas de fumier, sont formées par quelques-uns des principes les plus utiles qu'il serait important de ne pas laisser se dissiper dans l'air.

A cet effet, on peut recouvrir le tas de fumier, lorsqu'il est achevé, d'une légère couche de terre. Lorsqu'on ajoute chaque jour du fumier, la couche nouvelle empêche l'évaporation de ces vapeurs.

145. — Pour rendre la fermentation régulière, il est important d'*arroser* le fumier avec les liquides qui constituent le purin. Lorsque ces liquides sont réunis dans un réservoir au-dessous du tas de fumier, on établit sur le fumier même une *pompe* qui sert à les élever, pour arroser la surface supérieure du tas. C'est ce qu'on appelle une *pompe à purin*.

Il y a beaucoup de modèles de pompes à purin. La plus simple (fig. 63) est formée par un corps de pompe en bois, dans lequel se meut un piston, également en bois, qu'on manœuvre par un levier. Le liquide sort par une ouverture latérale, d'où on peut le diriger sur tout le tas. On peut employer des pompes métalliques ; la figure 64 en montre un modèle.

Fig. 63. — Pompe à purin en bois.

Les pompes d'arrosage peuvent aussi servir comme pompes à purin.

146. — Lorsque le fumier n'est pas arrosé, sur-

tout pendant l'été, la fermentation s'arrête, et le tas se dessèche de la surface au centre. En même temps, il s'y développe des moisissures de couleur blanche, connues sous le nom de *blanc de fumier*, qui lui font perdre de sa valeur. Le blanc de fumier peut aussi se produire lorsque la masse n'est pas suffisamment tassée.

Afin de soustraire le fumier à l'action desséchante du soleil, on peut le placer à l'abri des étables et des écuries, au nord. Quelquefois, on le protège par des plantations arbustives. Enfin, dans le Midi, où le printemps et l'été sont très chauds, on place souvent le tas de fumier sous des *hangars* (fig. 65) très simples, recouverts de roseaux.

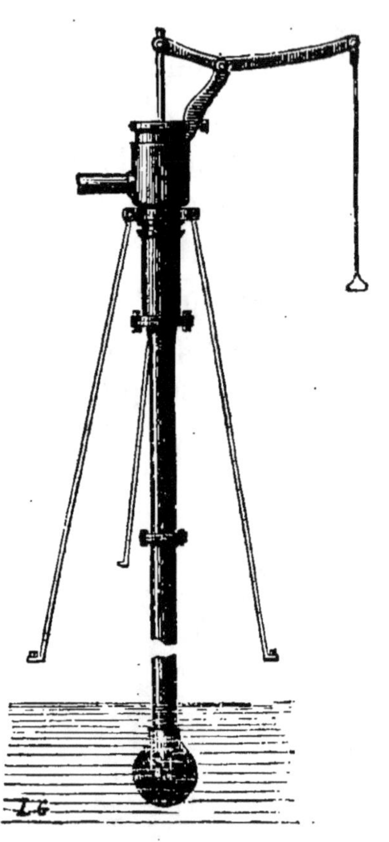

Fig. 64. — Pompe à purin en métal.

147. — Le tas de fumier, formé par l'accumulation des déjections, à mesure qu'on les enlève des étables, ne peut pas encore constituer une *masse* homogène. La partie supérieure du tas est du fumier frais ou presque frais. Au-dessous se trouve du fumier à demi consommé; enfin, à la partie inférieure du fumier consommé.

Aussi, lorsque l'on enlève le fumier pour le répandre sur le champ, il faut attaquer la masse par tranches verticales, afin que toutes ses parties se trouvent mélangées.

Pour enlever le fumier des étables, on se sert de

FIG. 65. — Fumier abrité sous un hangar.

brouettes basses, en bois ou en fer, sans parois sur les côtés. Pour le répandre sur le tas, on emploie des *fourches* en bois ou en fer. Enfin, pour le transporter dans les champs, on le charge sur des *chariots*, à l'aide des mêmes fourches.

VINGT-TROISIÈME LEÇON

EMPLOI DU PURIN

148. — Le *purin* est, comme on l'a vu dans la leçon précédente, une des parties les plus riches des déjections des animaux. Dans tous les pays bien cultivés, on attache la plus grande importance à la conservation du purin. Trop souvent on le laisse s'écouler, dans les villages et autour des fermes, par les ruisseaux des chemins.

Toute ferme bien organisée possède une *fosse à purin*, couverte, dans laquelle sont réunis tous les liquides qui viennent des étables, écuries, bergeries, et tous ceux qui viennent du fumier.

C'est aussi dans la fosse à purin que doivent aboutir les liquides des lieux d'aisance de la ferme.

Les liquides du fumier sont quelquefois désignés par le nom de *lizier*.

149. — Nous avons vu comment le purin sert pour arroser le fumier. *On l'emploie aussi directement* sur les champs et sur les prairies.

Pour l'utiliser de cette manière, on *mélange* le purin *avec de l'eau*, puis on le transporte sur les terres cultivées, où on le répand de diverses manières.

Tantôt on le transporte dans des brouettes à engrais, tantôt on emploie des appareils d'arrosage spéciaux.

150. — La *brouette à engrais* liquide (fig. 66) consiste en une brouette ordinaire dont la caisse est remplacée par un bâti qui porte un tonneau ou tinette. Dans les champs, on se sert d'une *écope* pour répandre l'engrais.

L'écope est une cuiller en bois fixée à l'extrémité d'un long manche, avec laquelle on projette l'engrais en nappe uniforme.

Les *appareils d'arrosage* avec le purin sont des *tonneaux* montés sur deux roues et traînés par un cheval. Une pompe fixée sur le bâti sert à remplir le tonneau. A l'arrière, un robinet permet de

FIG. 66. — Brouette à engrais liquide.

répandre le liquide en nappe, sur toute la largeur du tonneau.

151. — Depuis longtemps on rappelle aux cultivateurs l'importance du purin et sa grande valeur agricol.

Écoutez ce que Bernard Palissy écrivait au seizième siècle : « Prends garde au temps des pluies, et tu verras que les eaux qui tombent sur les fumiers, emportent une teinture noire, en passant par-dessus et les eaux qui passeront par les fumiers emporteront la teinture, qui est le principal et le total de la bonne substance du fumier. En quoi alors le fumier ainsi lavé et porté aux champs peut-il servir, sinon de parade? Car, ainsi que le poisson salé qui trempe longtemps dans l'eau perd son sel et n'a plus de saveur, ainsi les fumiers perdent leur sel. »

C'est, avec la naïveté du langage de l'époque, l'expression de la vérité la plus exacte.

QUESTIONNAIRE. — Qu'appelle-t-on fosse à purin? — Qu'est-ce que le lizier? — Comment emploie-t-on le purin dans les champs? — Qu'est-ce que la brouette à engrais? — Le purin est-il répandu pur sur les terres? — Qu'est-ce qu'un tonneau à purin? — Comment construit-on les tonneaux à purin?

MAXIMES AGRICOLES

Le bétail ne peut créer la fécondité; il ne rend à la terre qu'une partie de ce que les fourrages lui ont pris.

Le cultivateur qui perd son purin jette son argent à l'eau ou le sème sur la route.

VINGT-QUATRIÈME LEÇON

LES COMPOSTS

152. — Le mot **compost** désigne, d'une manière générale, les *mélanges de débris animaux et végétaux de toutes sortes avec de la terre*, en vue de former des matières fertilisantes susceptibles d'être répandues dans les champs.

La préparation des composts doit être une préoccupation constante pour les cultivateurs. C'est, en effet, pour eux, *un moyen de se procurer des engrais qui ne leur coûtent qu'un peu de peine*, sans qu'ils aient rien à débourser

Fabriquer des composts est d'ailleurs une *opération facile* qui se pratique dans beaucoup de fermes.

153. — Toutes les *matières organiques*, que trop souvent on laisse perdre, peuvent entrer dans la préparation des composts.

Celles qui y entrent le plus communément sont les *balayures de cour*, les *eaux grasses* de ménage, les *débris de cuisine*, les *feuilles mortes*, les *produits des sarclages*, les *tiges des plantes* qui ont porté graine, les *curures des mares et des fossés*.

On y ajoute avec profit la *sciure de bois*, le *bois pourri*, les *mauvaises herbes*, les *débris de paille*, *les balles de céréales* qui restent après le battage, la *poussière des greniers à foin*, les *épluchures de légumes*, les *gazons*, les *marcs de vendange*, ceux de *pommes à cidre*, les *sables de route* imprégnés d'excréments d'animaux, les *cendres de cheminée*, celles de *houille*, etc.

Il faut y joindre encore les *débris de cuir*, les *os de boucherie*, les *cadavres* et le *sang* des bêtes mortes, enfin les *résidus de toute sorte*, nombreux dans la ferme.

154. — Ce sont là autant de ressources fécondes dont le cultivateur peut disposer, avec la certitude que le profit qu'il en retirera sera énorme.

Toutes ces substances servent à former des *tas*, dans lesquels elles constituent des *couches* superposées.

Afin d'en activer la décomposition, on *arrose* les tas de temps en temps, et pour rendre la masse homogène, on la soumet à des *recoupages* et à des *pelletages* qui ont pour but d'en mélanger toutes les parties.

155. — Lorsque la décomposition se produit, la *hauteur du tas diminue*. Pour rendre la décomposition plus active, il est utile de joindre une certaine quantité de *fumier* à la masse des composts.

Lorsqu'un tas de compost a été formé, il est recouvert d'une couche peu épaisse de terre. Il faut généralement laisser passer une année pour que la décomposition soit complète. Alors seulement on peut employer le compost comme engrais de la même manière que le fumier.

Les vases et les curures de fossés, de mares, d'étangs, peuvent servir à faire d'excellents composts. Elles sont riches en matières organiques, particulièrement en débris de plantes ou de feuilles. Il est utile de les laisser sécher à l'air, pendant quelques mois, avant de s'en servir. Les vases non calcaires sont avantageusement mélangées avec de la chaux.

Ces détails suffisent pour montrer que *rien ne doit être perdu dans une ferme bien tenue.* La transformation facile de tous les résidus en engrais est pour le cultivateur une *source de profits* qu'il ne doit jamais dédaigner. Ces ressources peuvent être utilisées dans toutes les localités, dans toutes les situations.

QUESTIONNAIRE. — Qu'appelle-t-on compost? — Quel est l'avantage que l'on retire de la préparation des composts? — Quelles substances fait-on entrer dans leur fabrication? — Quels soins la fabrication des composts exige-t-elle? — Comment utilise-t-on les composts dans les champs?

MAXIMES AGRICOLES

Ne soyez pas cultivateur, si vous ne savez pas recueillir ce qui se perd.

Les campagnes n'auront jamais assez d'engrais.

Toute matière est un engrais, à deux conditions : être utile aux plantes, manquer au sol.

VINGT-CINQUIÈME LEÇON

FUMURES VERTES OU ENGRAIS VERTS

156. — Pour obtenir des **fumures vertes**, on *en-fouit* dans le sol arable des *plantes herbacées*, qui s'y décomposent pour constituer des engrais que l'on appelle aussi des *engrais verts*.

Il y a deux méthodes pour faire les fumures vertes : ou bien on enfouit les plantes dans le champ où elles ont poussé ; ou bien, on recueille ces plantes ailleurs, et on les apporte sur le champ où elles doivent être enfouies. La première méthode est la plus générale.

157. — Pour faire une fumure verte, on a recours à des *plantes d'une croissance rapide*. On les sème à la fin du printemps ou au commencement de l'été. A l'automne, on couche les tiges sur le sol, en faisant passer un fort rouleau. Puis on laboure. L'action de la charrue a pour effet de renverser les plantes dans le sillon ouvert, en les recouvrant avec la bande de terre qui les porte.

Les principales plantes que l'on sème pour les enfouir avant leur développement complet, sont le *lupin*, la *navette*, les *vesces*, les *fèves*, les *pois*, le *seigle*, le *sarrasin*, le *colza*.

158. — La pratique des fumures vertes est spécialement utile dans les *terres sèches* et *sablonneuses*. Elle a pour effet de les enrichir en matières organiques et de leur donner de la consistance.

Les *vieux gazons*, l'*herbe des prairies défrichées*

pour être converties en terres arables, peuvent aussi être considérés avec raison comme des fumures vertes.

159. — La deuxième méthode de fumure verte est principalement pratiquée sur le littoral de la mer, en Normandie, en Bretagne, etc.

Fig. 67. — Récolte du varech à marée basse.

Elle consiste à recueillir, à marée basse, les herbes marines, connues sous le nom de *varech* ou de *goémon*, et à les répandre sur les champs.

Ces plantes sont toujours plus ou moins mélangées de débris de matières animales et de coquillages qui en augmentent la valeur fertilisante.

160. — La récolte du varech (fig. 67) se pratique à deux époques, au printemps et à l'automne.

Le plus souvent on répand le varech dans les champs aussitôt après l'avoir récolté. D'autres fois on le mélange avec le fumier, pour lui faire subir un commencement de décomposition, avant de le répandre sur le sol. Enfin, quelques cultivateurs ont l'habitude de brûler le varech, afin d'en employer les cendres comme engrais.

Dans le midi de la France, on fait, sur les bords des cours d'eau, ou dans les lieux marécageux, la récolte des *roseaux*, afin de les employer soit comme litière, soit comme fumure verte.

La vieille pratique des engrais verts a été préconisée récemment comme nouvelle, sous le nom de *sidération*. La sidération n'a de nouveau que le nom; elle peut même présenter des dangers sous le rapport de l'économie, quand on consacre toute une année à la culture des plantes qu'on veut enfouir. Les engrais verts ne sont économiques que si les plantes enfouies sont cultivées sur le sol comme récoltes dérobées.

Depuis une dizaine d'années, on pratique avec avantage l'adjonction de phosphates fossiles aux engrais verts.

QUESTIONNAIRE. — Qu'appelle-t-on fumure verte — Comment pratique-t-on les fumures vertes? — Quelles sont les plantes cultivées pour être enfouies en vert? — Dans quelles terres les fumures vertes donnent-elles les meilleurs résultats? — Qu'est-ce que la récolte du varech? — Comment utilise-t-on le varech? — A quelle époque le récolte-t-on? — Quel usage fait-on des roseaux dans le midi de la France?

MAXIME AGRICOLE

La mer est un grand réservoir de matières fertilisantes, végétales et animales. .

ENGRAIS COMMERCIAUX ORGANIQUES

161. — Les engrais qui proviennent des *animaux* ou des *végétaux* sont nombreux. Nous allons indiquer les principaux parmi ceux que le cultivateur peut se procurer facilement.

Les *matières des vidanges*, recueillies dans les villages et dans les villes, forment d'excellents engrais, après qu'on les a fait fermenter pendant quelque temps, mélangées avec de l'eau. En Flandre, les cultivateurs ont, au milieu des champs, des citernes où ils emmagasinent les vidanges qu'ils vont chercher dans les villes voisines, pour les répandre sur leurs terres à l'automne ou pendant l'hiver. C'est ce que l'on appelle l'*engrais flamand*.

Les matières des vidanges, desséchées et préparées, constituent la *poudrette*, sorte de poudre noirâtre, d'une odeur caractéristique, qui forme, pour beaucoup de cultures, notamment pour les prairies, un excellent engrais.

162. — Dans les abattoirs on recueille avec soin le *sang* des animaux tués. Avec le sang desséché, on prépare un engrais très recherché.

On amasse aussi les *os* et on les concasse pour former une poudre fertilisante. Calcinés en vases clos et réduits en poudre, les os forment une matière noire, connue sous le nom de *noir animal*.

La plupart des débris animaux, les cornes, les sabots, les débris des chairs et des issues, les poils, les laines, les plumes, peuvent être également convertis en engrais. Il suffit généralement de les torréfier, afin de les rendre plus sensibles à l'action de l'eau et des autres agents. D'une manière générale, toutes les parties des animaux morts servent à faire d'excellents engrais.

163. — Le *guano*, que l'on importe de l'Amérique de Sud en Europe depuis les premières années du dix-neuvième siècle, est un engrais animal d'une grande valeur. Il est constitué par la réunion des débris et des excréments d'oiseaux de mer, qui forment de grands dépôts sur les côtes du Pérou et de la Bolivie. Ces dépôts, dont la formation remonte à une très haute antiquité, sont exploités comme des carrières, et le guano qu'on en extrait est vendu aux agriculteurs de toutes les parties du monde. La découverte des gisements de guano a permis d'accroître, dans de très grandes proportions, la production agricole dans beaucoup de pays. Malheureusement, quelques-uns de ces gisements sont déjà épuisés, et les autres diminuent d'autant plus rapidement que l'exploitation en est plus active.

En mélangeant le guano avec des os ou d'autres substances riches en principes phosphatés, on constitue ce que l'on appelle des *phospho-guanos*, objet d'un commerce très important.

164. — Les engrais d'origine végétale que les agriculteurs peuvent acheter ne sont pas moins nombreux que les engrais d'origine animale.

Au premier rang il faut placer les *tourteaux*. On appelle tourteau la partie solide qui reste lorsque l'on a soumis à une forte pression les fruits ou les graines riches en huile. Dans le Midi, les tourteaux reçoivent le nom de *trouille*.

Il y a beaucoup d'espèces de tourteaux, directement employés tantôt comme engrais, tantôt comme nourriture pour les animaux domestiques. — Les principales espèces sont les tourteaux d'olive, de sésame, d'arachide, de lin, de colza, de coton, de noix, de chènevis, de faînes, d'œillette.

On réduit les tourteaux en poudre ou farine, pour les répandre sur le sol en qualité d'engrais.

165. —Les *cendres* constituent aussi d'excellents engrais. Il y en a plusieurs espèces.

Les cendres de bois sont utiles principalement dans les terres argileuses. On distingue les cendres *non lessivées*, appelées aussi *cendres neuves*, et les cendres *lessivées*, qui portent aussi le nom de *charrées*.

Les *cendres de tourbe* sont celles qui proviennent de la calcination de la tourbe. — La tourbe est formée par de grandes masses de végétaux en décomposition ; on l'exploite dans quelques régions, notamment en Picardie, comme combustible. Elle peut aussi, quand elle a été desséchée, servir de litière.

On appelle *cendres d'écobuage* celles qui proviennent de la calcination de plaques de terre gazonnée, qu'on a brûlées sur le sol même, après les avoir disposées en tas, avec des feuilles sèches et des menues branches.

La *suie* des cheminées doit aussi être considérée comme un bon engrais. On s'en sert avec avantage, comme de toutes les cendres, pour la préparation des composts.

166. — Les *marcs de vendanges*, formés par la masse solide retirée du pressoir après qu'on en a extrait le vin, forment un excellent engrais.

Les *marcs de pomme*, les *marcs d'olive*, les *marcs de houblon*, les *dépôts de vinasse*, de *distillerie*, les *résidus des féculeries*, les *écumes de défécation* des sucreries, constituent autant d'engrais de valeur variable selon leur nature ou leur origine.

167. — On en peut dire autant des *boues* des villes et de celles des routes, qui renferment un grand nombre de matières organiques animales et végétales.

Les *eaux des égouts* des villes, celles des égouts de la plupart des usines dans lesquelles on opère sur des matières organiques, renferment en dissolution ou en suspension des principes fertilisants. En les employant, les agriculteurs accroissent la production agricole et assainissent les cours d'eau et les rivières que ces eaux souillent et rendent insalubres, si on ne les dirige pas sur les terres cultivées.

VINGT-SEPTIÈME LEÇON

ENGRAIS MINÉRAUX ET ENGRAIS CHIMIQUES

168. — Les *engrais minéraux* sont les substances qui ne proviennent ni des plantes ni des animaux, et que l'on ajoute aux terres pour augmenter la production des plantes cultivées.

Tandis que les engrais de nature organique présentent une *composition complexe* et renferment des principes immédiats analogues à ceux que contiennent les plantes, les engrais minéraux offrent le plus souvent une *composition* beaucoup plus simple, souvent même une composition définie toujours constante ; la plupart sont employés pour fournir au sol un principe déterminé qui lui manque. Les engrais constitués par des combinaisons définies sont souvent appelés des *engrais chimiques*.

169. — Comme nous l'avons vu, le plus souvent, les principes qui sont rares dans les terres arables et qu'il faut leur donner par les engrais, sont l'*azote*, la *chaux*, l'*acide phosphorique*, la *potasse*. On arrive à ce résultat en employant des engrais azotés, des engrais calcaires, des engrais phosphatés, des engrais potassiques.

Il est inutile d'ajouter que l'on peut faire des mélanges de ces divers engrais, pour répondre à certains besoins du sol dans des circonstances spéciales.

170. — On appelle *engrais azotés* ceux qui sont riches en matières azotées et que l'on emploie pour fournir aux besoins de la végétation à cet égard.

Les principaux engrais azotés sont le *sulfate d'ammoniaque*, que l'on extrait soit des eaux vannes des vidanges, soit de celles des fabriques de gaz d'éclairage, et le *nitrate de soude*, qui se trouve en gisements importants dans quelques pays.

Le *nitrate de potasse*, ordinairement désigné sous les noms de *salpêtre* et de *sel de nitre*, peut aussi servir comme engrais ; il est à la fois potassique et azoté par la potasse et par l'acide nitrique (ou azotique) qui se sont réunis pour le constituer.

On appelle souvent salpêtres des nitrates qui se forment naturellement sur les vieux murs faits au mortier calcaire, sous l'influence de l'air, de l'humidité et des matières organiques azotées.

171.—Les principaux engrais calcaires sont la *chaux* proprement dite, la *craie*, la *marne*, le *plâtre*, la *tangue* et les autres *engrais marins* de même nature.

On obtient la *chaux* par la cuisson des calcaires naturels ou pierres à chaux ; cette cuisson entraîne la décomposition du carbonate de chaux. On distingue la chaux grasse, de belle couleur blanche, qui se délite facilement en se gonflant sous l'action de l'eau, et la chaux maigre, de couleur grisâtre, qui se délite moins rapidement et est moins estimée.

La *marne* est une terre formée par un mélange, en proportions très variables, d'argile et de calcaire ou carbonate de chaux. La valeur de la marne dépend de la quantité de calcaire qu'elle renferme.

On dit d'une marne qu'elle est *calcaire*, quand elle renferme plus de la moitié de son poids en carbonate de chaux.

Quand la marne est très calcaire, elle se délite sous l'action de l'eau et de l'air; elle a alors l'avantage de pouvoir se mélanger avec facilité d'une manière intime avec le sol arable qu'on a marné. Mais elle ne remplace pas absolument la chaux, qui se dissout plus facilement dans les eaux pluviales.

La marne agit sur le sol de la même manière que la chaux, à la fois pour en modifier les caractères physiques et pour en accroître la puissance productive.

172. — Le *plâtre* se trouve en gisements considérables dans quelques contrées, où on l'exploite en carrières. On l'emploie principalement, après l'avoir pulvérisé, mais sans le cuire, comme engrais pour quelques plantes fourragères.

La *tangue* ou vase de mer est un sable que l'on trouve, en masses profondes, sur le littoral de l'Océan, principalement en Normandie et en Bretagne. Il renferme souvent près de la moitié de son poids en calcaire.

Les cultivateurs du littoral l'emploient de la même manière que la marne très calcaire.

Il en est de même du *merl* ou *maerl*, substance calcaire marine qu'on extrait de la mer avec des dragues sur quelques parties du littoral breton, au moment des basses marées, en été. Le merl, qui renferme de la moitié aux trois quarts de son poids en calcaire pur, se présente (fig. 68) sous forme de concrétions dures, irrégulières, d'aspect très varié.

173. — Les *engrais phosphatés* sont nombreux. Nous avons vu que, parmi les engrais animaux, les

os sont ceux qui sont les plus riches en acide phosphorique. Depuis le milieu du dix-neuvième siècle, les agriculteurs emploient beaucoup les *phosphates*

Fig. 68. — Aspects variés du maerl.

de chaux fossiles qui se rencontrent dans beaucoup de terrains, où ils forment des gisements abondants. On en connaît aujourd'hui dans plus de quarante départements français. Des gisements de phosphate de chaux fossile existent aussi dans plusieurs autres pays.

Les phosphates de chaux se présentent, tantôt sous la forme de *nodules* arrondis, de grosseur variable, tantôt sous la forme de *pierres* plus ou moins volumineuses. On trouve généralement les nodules à une faible profondeur ; on exploite les gisements en creusant des tranchées dans les champs (fig. 69).

FIG. 69. — Extraction des nodules de phosphates fossiles.

On lave ensuite les nodules dans les ruisseaux dont le cours peut être interrompu au moyen de vannes, de manière à former de petits bassins de lavage (fig. 70).

Pour les employer dans les champs, *on réduit les phosphates de chaux fossiles en poudre fine*. On emploie à cet usage, dans les pays d'extraction, beaucoup d'anciens *moulins* à blé.

174. — Dans les os, comme dans les phosphates fossiles, le phosphate de chaux ne se dissout pas dans l'eau, excepté quand cette eau contient du gaz acide carbonique ou des sels. Pour le rendre soluble dans l'eau pure, on le traite par l'acide sulfurique, et on fabrique ainsi ce qu'on appelle des *super-phosphates*.

FIG. 70. — Lavage des phosphates de chaux.

Les superphosphates sont des engrais très répandus, dont la richesse, comme celle des phosphates fossiles, est très variable. Généralement, les super-phosphates d'os sont préférés à ceux qui tirent leur origine des phosphates fossiles.

175. — Les engrais *potassiques* sont, en dehors des cendres de bois, ceux qui se rencontrent le plus

rarement dans la nature. Ces engrais se présentent généralement sous forme de sels, chlorures et sulfates, dont les gisements les plus importants sont ceux des mines de *Stassfurth*, en Allemagne. On les emploie le plus souvent en mélange avec les autres engrais.

L'achat des engrais est une opération délicate pour les cultivateurs. Trop souvent des vendeurs peu honnêtes essayent de les tromper sur la valeur des engrais qu'ils leur offrent. Le seul moyen de déjouer ces tromperies est de n'acheter les engrais qu'avec la garantie de leur composition en principes fertilisants. Il est d'ailleurs facile de faire déterminer cette composition dans les laboratoires agricoles qui fonctionnent aujourd'hui en grand nombre.

Bernard Palissy et Benjamin Franklin.

176. — C'est un devoir pour nous de parler ici de deux hommes qui ont bien mérité de l'agriculture en faisant connaître les avantages de l'emploi des engrais.

Au seizième siècle, **Bernard Palissy**, célèbre par la révolution qu'il a opérée dans l'art de la céramique, appliqua, pendant de nombreuses années, son esprit observateur à l'étude des choses de l'agriculture. A cette époque, la culture de la terre était abandonnée aux paysans, pauvres et misérables ; ils ne pouvaient améliorer leur situation par le travail, en l'absence d'instruction et de guide pour leurs durs labeurs. Aussi partout les terres étaient mal cultivées, produisaient peu, suffisaient à peine, dans les années ordinaires, à nourrir les habitants, qui, dans les mauvaises années, étaient victimes de la famine. Cet état déplorable excita la pitié de Bernard Palissy. « Les actes ignorants que je vois tous les jours commettre en l'art de l'agriculture, s'écrie-t-il, m'ont fait plusieurs fois me tourmenter et colérer en mon esprit. »

Il cherche, par son exemple et par ses écrits, à réagir contre la routine. Il s'élève avec énergie contre la mauvaise tenue des fumiers dans la plupart des villages, il fait connaître les avantages de l'emploi de la marne, il demande à grands cris que quelque inventeur transforme les outils barbares des laboureurs. Malheureusement, sa voix n'est pas écoutée, et il faut des centaines d'années pour que ses préceptes soient enfin mis en pratique.

177. — Plus heureux fut **Benjamin Franklin**. Ce grand patriote américain, auquel la science doit d'importantes découvertes, et notamment l'invention des paratonnerres, fut aussi un agriculteur éclairé. Né à Boston en 1706, mort en 1790, il travailla, pendant sa longue carrière, à propager le progrès autour de lui. Dans son *Almanach du bonhomme Richard,* il rassembla les conseils les plus sages pour la culture des terres. Il avait reconnu les avantages de l'emploi du plâtre dans les prairies artificielles, mais il n'avait pu convaincre les cultivateurs. Il pensa qu'une expérience publique serait plus concluante que tous les conseils, et il résolut de la faire.

Il choisit un champ de luzerne, sur le bord d'une route, aux environs de la ville de Washington. Il répandit du plâtre sur une partie du champ, en traçant sur le sol avec le plâtre ces mots : *Ceci a été plâtré.*

Au bout de quelques semaines, la végétation prenait sur la partie plâtrée un essor beaucoup plus vigoureux que partout ailleurs, les pieds étaient plus forts et les feuilles avaient pris une teinte vert foncé qui tranchait sur le reste du champ. Les mots tracés par Franklin se voyaient de loin, et donnaient la preuve de l'exactitude de ses affirmations.

Les voyageurs qui passaient sur la route ne pouvaient manquer de remarquer l'inscription, et ils racontaient partout ce qu'ils avaient vu. Après quelques mois, la cause du plâtrage était gagnée.

QUESTIONNAIRE. — Quelle est la principale différence entre les engrais organiques et les engrais minéraux ? — Indiquez les différents engrais azotés. — D'où vient le sulfate d'ammoniaque ? — Comment le salpêtre se forme-t-il ? — Quels sont les principaux engrais calcaires ? — Comment prépare-t-on la chaux ? — Qu'est-ce que la marne ? — Quelles en sont les propriétés ? — Où trouve-t-on le plâtre ? — Qu'est-ce que la tangue ? — le maerl ? — Quel en est l'emploi ? — Où trouve-t-on les phosphates de chaux fossiles ? — Quel en est l'aspect ? — Comment les prépare-t-on ? — Qu'appelle-t-on superphosphate ? — Quels sont les principaux engrais potassiques ? — Quelles sont les règles à suivre dans l'achat des engrais ?

VINGT-HUITIÈME LEÇON

ATELIER DE LA FERME

178. — Le cultivateur doit savoir maintenir en bon état les outils et les machines dont il se sert. Lorsqu'il y a d'importantes réparations à exécuter, il s'adresse au charron ou au forgeron ; mais il doit pouvoir faire lui-même celles qui n'exigent pas une habileté professionnelle.

Il doit avoir les outils nécessaires pour couper et tailler le bois : *hache, scie, rabot*, etc. Il faut qu'il sache aussi travailler le fer ; une petite *enclume* (fig. 71), un *étau* (fig. 72) ne tiennent pas beaucoup de place, et rendent souvent des services importants,

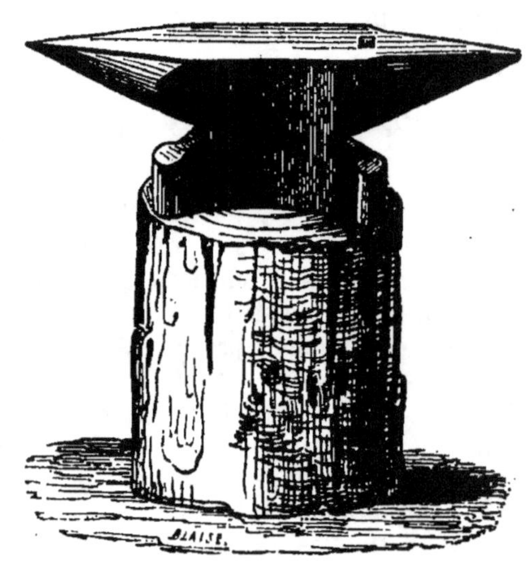

FIG. 71. — Enclume.

179. — En effet, le temps que l'on consacre à porter un outil ébréché à la forge, pourrait être mieux employé ; on le gagne, quand on sait faire soi-même les réparations urgentes.

Lorsqu'il s'agit de machines un peu compliquées, comme les faucheuses, les moissonneuses, les semoirs, il faut toujours avoir quelques *pièces de rechange*, afin de remplacer celles qui peuvent se casser pendant le travail, et sans lesquelles la machine ne peut fonctionner.

C'est une précaution que ne doit jamais négliger un cultivateur soucieux de ses intérêts.

180. — Il est de la plus haute importance pour le cultivateur, de *connaître exactement le rendement de ses récoltes*, les quantités de fumier qu'il porte dans les champs, les changements qui se produisent dans le poids des animaux qu'il nourrit.

Le seul moyen de faire ces constatations est d'avoir une *bascule* sur laquelle on puisse peser les animaux, ainsi que les charrettes chargées. La bascule (fig. 73) se trouve dans toutes les fermes bien organisées; elle tient peu de place, soit à l'entrée de la grange, soit sous un petit abri

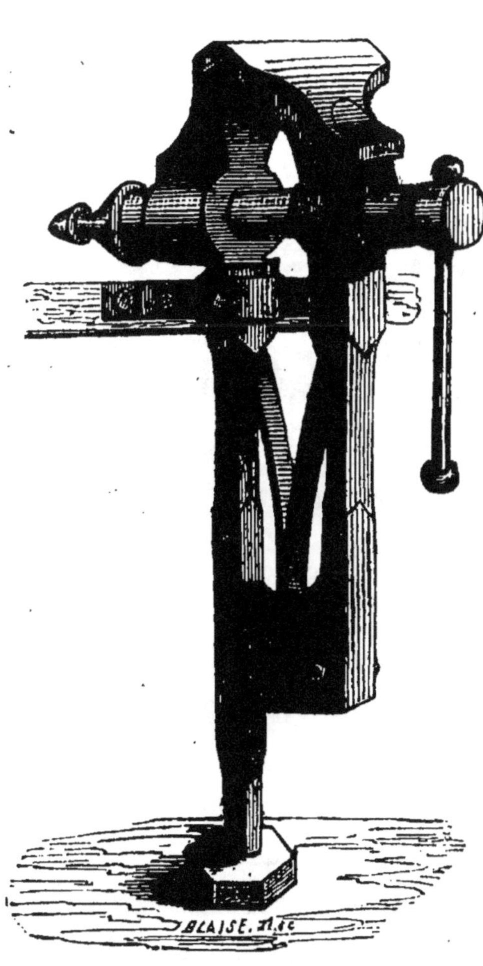

FIG. 72. — Étau.

spécial; son prix est largement compensé par les services qu'elle rend.

FIG. 73. — Bascule agricole.

181. — Le cultivateur doit aussi se munir de *mesures de poids et de volume*, afin d'apprécier

FIG. 74. — Barrière en bois.

exactement le poids et le volume des nombreuses denrées qu'il emploie.

La cour de la ferme doit être fermée, afin que les

animaux ne puissent pas sortir. Il faut aussi fermer les pâtures et les prairies dans lesquelles le bétail est laissé en liberté.

Les haies servent de clôtures dans beaucoup de circonstances; on les remplace par des clôtures en bois ou mieux par des clôtures en fil de fer, garni de pointes, qu'on appelle *ronce artificielle*, et dont l'emploi se répand dans un grand nombre de fermes.

Une *barrière en bois* (fig. 74) qui s'ouvre et se ferme facilement, est la clôture la plus simple et la plus économique pour les cours de ferme et pour les prairies.

QUESTIONNAIRE. — Quels sont les principaux outils dont le cultivateur se sert? — Que gagne le cultivateur à pouvoir réparer ses instrumen' la ferme? — Qu'appelle-t-on pièce de rechange? — Quelle est l'utilité des bascules de pesage? — Les mesures de poids et de capacité sont-elles utiles dans une ferme? — Comment établit-on les clôtures des cours et des prairies?

MAXIMES AGRICOLES

Soignez votre personnel et vos terres, vos bestiaux et vos outils.

Généreuse prévoyance vous donnera l'abondance.

Économie et conservation font la richesse du cultivateur; mais il faut savoir dépenser pour recueillir, comme on doit semer pour récolter.

VINGT-NEUVIÉME LEÇON

MATÉRIEL DES ÉTABLES

182. — L'*étable* est le bâtiment dans lequel sont logés les bœufs, les vaches, les veaux. C'est pour tous les cultivateurs un des bâtiments les plus importants de la ferme.

Malheureusement, dans un trop grand nombre d'exploitations agricoles, les étables ont été pendant très longtemps construites dans des conditions déplorables (fig. 75). Le bâtiment n'avait d'autre ouverture

Fig. 75. — Etable en mauvais état.

que la porte ; l'air ne s'y renouvelait que très rarement ; les animaux étaient dans les plus mauvaises conditions ; leur santé déclinait et ils ne tiraient pas de leur nourriture tout le profit possible.

Dans une étable bien aménagée (fig. 76), les animaux ont toute la place qu'il leur faut ; l'air peut se renouveler facilement, sans que l'on ait à craindre, soit de brusques changements de température, soit des courants d'air, qui sont la cause de maladies souvent graves.

183. — Les animaux sont placés, suivant la largeur de l'étable, sur un rang ou sur deux rangs. Du côté de la tête sont disposées des mangeoires dans lesquelles on distribue la nourriture, pour chacun des repas. Il y a avantage, pour attacher les animaux

FIG. 76. — Étable bien construite.

aux mangeoires, à se servir de chaînes (fig. 77) dont deux bouts se rejoignent autour du cou.

Quelle que soit la forme des étables, il faut qu'il y ait derrière les animaux un espace assez large pour qu'on puisse enlever le fumier et faire les travaux de nettoyage.

La plus grande propreté doit régner dans l'étable. Il faut laver les vases employés à traire les vaches, chaque fois qu'ils ont servi ; il ne faut pas les laisser dans l'étable entre deux traites ; on doit les garder à la laiterie. Les seaux dont on se sert pour abreuver les animaux ou laver le pavé des étables, doivent aussi être tenus très propres.

184. — La nourriture des animaux domestiques consiste en *fourrages* verts ou secs, en *grains* ou *racines*, en *pulpes*, etc. On y ajoute souvent des *tourteaux*. La préparation des aliments se fait dans une pièce ou grange voisine de l'étable ou dans un grenier placé au-dessus. Des machines spéciales sont employées pour préparer ces aliments.

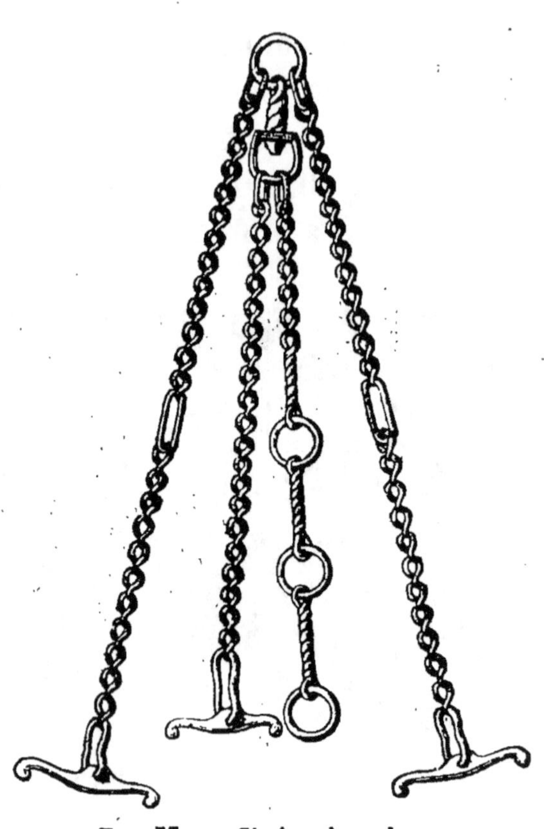

FIG. 77. — Chaîne à vaches.

Les **hache-paille** (fig. 78) servent à diviser en menus morceaux la paille destinée à la nourriture du bétail. Les pailles, engagées dans une longue caisse, passent entre deux cylindres munis de dents, et sont amenées devant les couteaux dont est armé un disque tournant. Suivant la vitesse relative des cylindres et de ce disque, les pailles sont coupées en fragments plus ou moins longs, au gré des cultivateurs.

185. — Pour *laver les racines*, betteraves, raves, navets, carottes, etc., on se sert d'appareils spéciaux (fig. 79). Ce sont des caisses cylindriques, à claire-

Fig. 78. — Hache-paille.

voie, légèrement inclinées, mobiles sur leur axe, et plongeant dans un baquet rempli d'eau. On introduit les tubercules et les racines par une trémie à l'une des extrémités, et on les fait sortir à l'autre extrémité sur un plan incliné, en faisant tourner, avec une manivelle, le cylindre à claire-voie.

Le laveur de racines, monté sur roues, peut

FIG. 79. — Laveur de racines.

FIG. 80. — Coupe-racines.

être transporté de place en place, comme une brouette.

Une fois lavées, les racines qui servent à l'alimentation du bétail doivent être tranchées en lamelles ou en lanières plus ou moins minces. Pour ce travail,

FIG. 81. — Dépulpeur.

on se sert de **coupe-racines** (fig. 80). Les coupe-racines sont généralement formés par une trémie ouverte sur un côté ; à cette ouverture affleure un disque tournant muni de couteaux ; les racines dépassant l'ouverture, par l'effet de leur propre poids, sont coupées en lames minces par les couteaux.

186. — Les **dépulpeurs** (fig. 81) servent à réduire les racines en *pulpe*, c'est-à-dire à les déchirer ; ils

consistent en un disque tournant dans une trémie; ce disque est muni de petites lames en acier qui déchirent les racines. On mélange cette pulpe avec de la paille hachée, avant de la distribuer au bétail. Cette nourriture convient pour toutes les espèces d'animaux domestiques.

FIG. 82. — Concasseur de fèves.

Certains grains doivent être concassés avant d'être donnés au bétail. Tels sont les haricots, les fèves, le maïs, etc. Pour ce travail, on se sert de **concasseurs** (fig. 82). Ces appareils consistent en cylindres cannelés, suffisamment rapprochés, qu'on peut faire tourner au moyen de manivelles; on fait passer entre ces cylindres les graines, qui sont brisées et réduites en une sorte de farine grossière.

Ce sont des instruments du même genre, appelés **concasseurs de tourteaux** (fig. 83), que l'on emploie pour réduire en morceaux, ou même en poudre

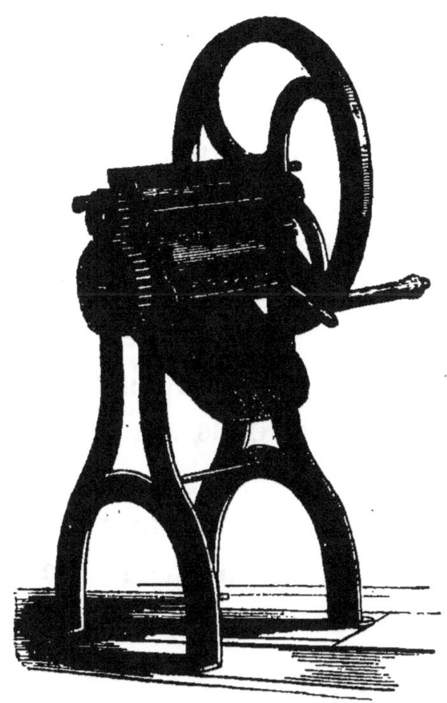

Fig. 83. — Concasseur de tourteaux.

fine, les tourteaux qui servent à la nourriture des animaux domestiques. Les cultivateurs devraient acheter toujours les tourteaux en pain et les concasser dans leurs fermes.

QUESTIONNAIRE. — Qu'est-ce qu'une étable? — Quelles sont les principales conditions hygiéniques qui doivent être réunies dans la construction d'une étable? — Comment place-t-on les animaux dans les étables? — Quelle est la nourriture donnée aux bœufs et aux vaches à l'étable? — Indiquez les principaux instruments qui servent à préparer la nourriture des bœufs et des vaches. — Qu'est-ce qu'un hache-paille; — un laveur de racines; — un coupe-racines; — un dépulpeur; — un concasseur?

TRENTIÈME LEÇON

MATÉRIEL DES ÉCURIES

187. — Les **écuries** sont les logements des chevaux, des mules et des mulets, des ânes. Dans beaucoup de fermes, les écuries sont peu soignées. De leur mauvaise construction, de la malpropreté où on les tient, peuvent résulter pour les animaux des maladies graves.

On doit assurer le renouvellement de l'air et le changement des litières dans une écurie bien tenue (fig. 84).

On dit qu'une écurie est *simple*, lorsque les chevaux y sont placés sur un seul rang ; on dit qu'elle est *double*, quand les chevaux peuvent être mis sur deux rangées.

La place nécessaire, en largeur, à chaque cheval est d'un peu plus d'un mètre, pour qu'il puisse manger, se coucher à l'aise et être soigné convenablement.

188. — On doit paver le sol des écuries, et lui donner une légère pente, du côté de l'arrière-train des chevaux, pour l'écoulement des liquides.

Les fenêtres, par lesquelles l'air se renouvelle, doivent être placées à une hauteur suffisante pour que les animaux soient à l'abri des courants d'air. On les munit de volets ; ces volets, plus ou moins ouverts, permettent de maintenir la température de l'écurie constante et tempérée.

On garnit en outre les fenêtres, pendant l'été, de

toiles légères ou de *treillis* pour empêcher l'entrée des mouches dans l'écurie.

Entre les chevaux on place des planches suspendues à la voûte à l'aide de cordes, et appelées *bat-flancs*, qui les empêchent de se gêner ou de se battre entre eux; on peut aussi placer des divisions fixes en planches.

FIG. 84. — Écurie.

189. —On distribue les grains donnés aux chevaux dans des mangeoires, et les fourrages dans des râteliers.

On fait les *mangeoires* en bois de chêne, en pierre ou en ciment. Lorsqu'elles sont en bois, il faut avoir soin d'en arrondir les bords et les angles, pour que les chevaux ne se blessent pas. Les mangeoires sont élevées au-dessus du sol, de telle sorte que les chevaux puissent y manger ou y barboter, sans prendre une position gênante. Cette hauteur est comprise, suivant la taille des chevaux, entre 1m,30 et 1m,50.

190. — Les *râteliers* sont scellés dans le mur au-dessus des mangeoires. Ils consistent en une sorte d'échelle placée horizontalement et inclinée en avant, de manière à laisser un vide entre les barres qui la forment et le mur. Ce vide est rempli par les bottes de fourrages que les chevaux ont à manger.

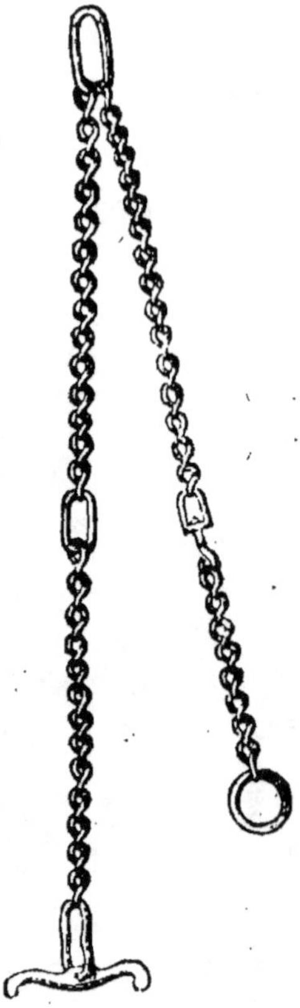

FIG. 85. — Longe.

On doit attacher les chevaux lorsqu'ils sont dans l'écurie. On se sert, à cet effet, soit de *licols*, soit de *longes* en cuir ou en forme de chaînes (fig. 85). La longueur des longes ou des licols doit être telle, que les chevaux puissent se coucher sans difficulté. On leur donne à boire dans des *seaux* en bois. Pour nettoyer les chevaux, on se sert de fortes brosses en chiendent ou en fil d'acier, qu'on appelle *étrilles*.

QUESTIONNAIRE. — Comment une bonne écurie est-elle construite ? — Qu'appelle-t-on écurie simple ? — écurie double ? — Quelles sont les conditions à remplir dans le pavage des écuries ? — dans la disposition des ouvertures ? — Qu'appelle-t-on bat-flancs ? — Comment fait-on les mangeoires ? — les râteliers ? — Comment attache-t-on les chevaux dans les écuries ? — Qu'appelle-t-on étrille ?

TRENTE ET UNIÈME LEÇON

BERGERIES ET PORCHERIES

191. — Dans les **bergeries,** on doit prendre les mêmes précautions que dans les étables et les écuries, pour que les animaux se trouvent dans des conditions hygiéniques convenables. Des ouvertures

FIG. 86. — Bergerie.

y sont ménagées pour que l'air et la lumière y circulent sans difficulté. On doit renouveler la *litière* assez fréquemment, de telle sorte qu'elle se trouve toujours dans un état de siccité convenable.

On distribue la nourriture aux moutons dans des

auges et des *râteliers*, qui doivent être en nombre suffisant pour que tous les animaux puissent prendre leur repas en même temps. On évite ainsi que les animaux plus faibles restent en arrière et soient empêchés de trouver accès au moment où l'on distribue la nourriture. A cet effet, on place (fig. 86) des râteliers tout le long des murs, et au besoin au milieu des bergeries.

192. — On peut établir économiquement des *auges mobiles* en bois (fig. 87). Elles sont portées par des pieds qui reposent sur la litière. Ces pieds doivent être assez larges pour que l'auge ait de la fixité. La partie supérieure est formée par des tringles longitudinales, sur lesquelles sont fixées des lattes perpendiculaires suffi-

Fig. 87. — Auge mobile pour les moutons.

samment espacées pour que les moutons puissent y passer leur tête et prendre leur nourriture. En les changeant de place, on assure la bonne préparation du fumier.

Les *râteliers mobiles*, montés sur des pieds comme les auges, servent aussi pour distribuer les fourrages aux moutons. On les déplace tous les

FIG. 88. — Porcherie.

deux ou trois jours, et on les met tantôt en long, tantôt en travers, dans la bergerie.

193. — Il en est des *porcs* comme des autres animaux domestiques. Il faut que les logements qui leur sont destinés présentent de bonnes conditions hygiéniques. C'est un préjugé trop répandu chez les cultivateurs, que le porc n'a pas besoin d'être tenu avec propreté pour bien se développer.

On doit aérer les **porcheries** (fig. 88) par des

ouvertures assez élevées pour que les animaux ne se trouvent pas sous l'influence des courants d'air. Il est utile que le sol soit incliné et qu'il soit pavé, pour que les déjections liquides s'écoulent rapidement. On doit laver souvent à grande eau le pavé des porcheries, ainsi que les auges et les cloisons qui séparent les cases dans lesquelles les animaux sont placés.

194. — La nourriture des porcs consiste surtout en bouillies formées par des racines cuites, des

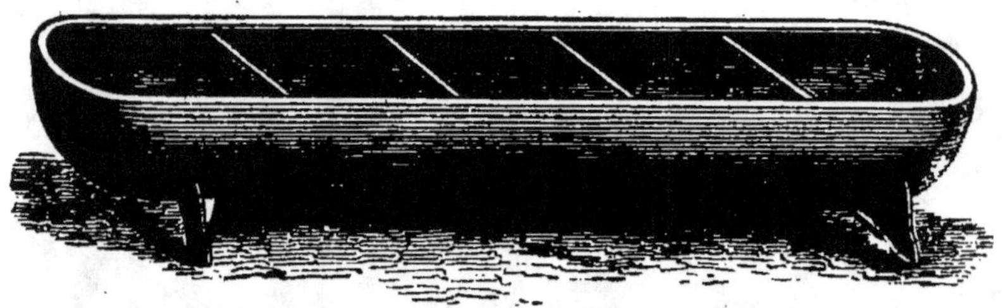

FIG. 89. — Auge à porcs allongée.

farines délayées, du petit-lait provenant des fromageries et de l'extraction du beurre, etc. On se sert d'auges pour distribuer cette nourriture aux animaux.

Les auges sont fixes ou mobiles. Les auges fixes sont encastrées dans les murs ou dans les cloisons. Quant aux auges mobiles, elles sont placées à l'intérieur des cases, et on les enlève chaque jour pour les nettoyer. Ces auges sont souvent longitudinales (fig. 89). Pour les porcelets, on se sert parfois d'auges circulaires (fig. 90) qui occupent moins de place. On divise les unes et les autres en compartiments, dans lesquels on place la nourriture destinée à un seul animal. On doit préférer les auges en fonte aux auges en bois, parce qu'il est plus facile de les entretenir, et parce que la fonte résiste mieux que le bois aux atteintes des dents des animaux.

Derrière les porcheries, on dispose une petite cour fermée, dans laquelle les porcs peuvent cir-

Fig. 90. — Auge à porcelets circulaire.

culer librement. Dans les fermes un peu importantes, on divise cette cour en autant de compartiments qu'il y a de cases dans la porcherie.

QUESTIONNAIRE. — Quelles sont les règles à suivre pour établir une bergerie ? — Quand renouvelle-t-on la litière ? — Comment distribue-t-on la nourriture aux moutons ? — Qu'appelez-vous râtelier fixe ou mobile ? — auge fixe ou mobile ? — Comment établit-on une porcherie ? — De quelle manière distribue-t-on la nourriture aux porcs ? — Quel est l'usage des auges dans les porcheries ?

MAXIME AGRICOLE

Lave le porc et étrille-le bien, il te rapportera dix fois plus.

TRENTE-DEUXIÈME LEÇON

CHAIS ET CELLIERS

195. — Dans un grand nombre de fermes, les chais et les celliers constituent une partie importante des bâtiments d'exploitation.

Le *chai* est le bâtiment dans lequel on apporte les raisins vendangés pour faire du *vin*.

Le mobilier du chai consiste en appareils destinés à égrapper le raisin, à le fouler, à faire fermenter le jus pour qu'il soit transformé en vin.

L'*égrappage* consiste à séparer les grains de raisin de la râfle qui les porte. On pratique cette opération surtout pour les raisins des vignes de choix. On fait souvent l'égrappage avec une fourche à trois dents, que l'on agite dans un cuvier qui renferme les grappes (fig. 91). Ailleurs on se sert d'un châssis à claire-voie, à travers lequel passent les grains, tandis que les râfles restent sur le dessus.

196. — Que les raisins aient été égrappés ou qu'ils ne l'aient pas été, on les foule pour faire sortir le jus. Le *foulage* se fait le plus souvent, dans le chai, soit dans des cuviers ou des foudres, soit sur le *pressoir*. Le pressoir est formé par un bâti en maçonnerie ou en bois légèrement incliné, dont les bords sont entourés d'une rigole destinée à recevoir le jus.

Le foulage est pratiqué à pieds d'homme ou avec des instruments spéciaux appelés fouloirs (fig. 92). Les fouloirs consistent généralement en deux cylindres cannelés, rapprochés parallèlement et surmontés d'une trémie. Les grappes, placées dans la trémie, tombent entre les deux cylindres qu'on fait tourner, et qui les écrasent. Le jus, les pellicules et les râfles tombent dans un récipient placé au-dessous, ou sur le pressoir lorsque le fouloir y est établi.

Fig. 91. — Égrappage du raisin.

197. — On appelle *moût* le liquide extrait de la grappe de raisin.

A partir du moment où l'on a obtenu le moût, le travail varie suivant que l'on veut faire des *vins blancs* ou des *vins rouges*.

Pour faire des vins blancs, on recueille le moût dans des récipients, et on le transvase immédiatement, au *cellier*, dans des tonneaux où la fermentation s'opère en l'absence des pellicules des raisins.

Pour faire les vins rouges, on verse le moût avec les râfles dans de grandes cuves alignées dans le chai. C'est dans ces cuves que la fermentation se produit, en contact avec les râfles et les pellicules des raisins.

198. — La *fermentation* commence généralement

FIG. 92. — Fouloir à vendanges.

dans les cuves au bout de deux jours, et elle se prolonge, suivant les circonstances, pendant huit à quinze jours. Le sucre que renferme le moût se transforme en alcool, tandis que de l'acide carbonique se dégage. Les parties légères des impuretés que le moût renferme s'élèvent à la surface et constituent ce qu'on appelle le *chapeau;* les parties lourdes tombent au fond.

La fermentation achevée, on *soutire* le liquide, c'est-à-dire on l'extrait par des robinets placés au bas de la cuve, puis on le transvase dans des tonneaux, au cellier. La partie solide qui reste dans la cuve, forme ce qu'on appelle le *marc*.

Le marc est enlevé de la cuve et réuni dans le

Fig. 93. — Pressoir.

pressoir (fig. 93), où il est soumis à une forte pression ; cette pression en extrait le vin qu'il renferme. On porte le vin qui sort des marcs dans des tonneaux, comme celui qui sort des cuves.

On obtient les vins mousseux en les mettant en bouteilles dont les bouchons sont solidement attachés avant que la fermentation soit déclarée ; celle-ci se faisant en vases hermétiquement clos, l'acide carbonique qu'elle produit reste dans le vin et produit la mousse lorsqu'on débouche les bouteilles.

199. — On doit soigner avec circonspection les vins en tonneau.

On les laisse d'abord en place sans y toucher. Au bout de quelque temps, les parties solides que le vin renferme, se déposent au fond et forment la *lie*.

A la fin du premier hiver, on *soutire*, c'est-à-dire on transvase le liquide clair qui est à la partie supérieure du tonneau, pour le séparer de la lie. On peut faire le soutirage avec un siphon ou avec une pompe. On répète cette opération une deuxième fois avant l'automne, et toutes les fois que l'on veut transporter le vin.

Il est important que les tonneaux soient toujours pleins. Comme une petite quantité de vin est absorbée par le bois, on la remplace de temps en temps par une quantité égale à celle qui a été absorbée ou qui s'est évaporée; c'est ce qu'on appelle *ouiller*.

200. — Le *collage* du vin est une opération qui complète le soutirage. Cette opération consiste à introduire dans le vin des substances dont la présence provoque le dépôt complet de toutes les matières solides disséminées dans le liquide. On emploie le plus souvent la colle de poisson et le blanc d'œuf pour coller les vins.

La mise en bouteilles est la dernière opération par laquelle les vins passent avant d'être consommés. Le temps qui sépare la fabrication du vin de la mise en bouteilles, peut varier beaucoup. La condition essentielle, c'est que le vin soit parfaitement limpide au moment où il est mis en bouteilles.

201. — Dans les pays où l'on produit le **cidre**, la préparation de cette boisson exige des soins spéciaux.

Les *pommes* sont écrasées sous des *meules*, ou dans des *moulins* qui ressemblent un peu aux fouloirs à vendanges, mais dont les cannelures sont plus fortes et plus nombreuses. On extrait le jus par la pression, avec des pressoirs semblables à ceux qui servent pour le vin. La *fermentation* du moût se fait dans de grands tonneaux ou *foudres*. Le cidre est ensuite soutiré.

On consomme généralement les cidres communs, en puisant au tonneau, d'après les besoins de la consommation. Quant aux cidres de qualité supérieure, on les met en bouteilles comme les vins.

Les marcs de pommes servent à nourrir le bétail ou comme engrais.

QUESTIONNAIRE. — Qu'est-ce qu'un chai? — Quelles opérations fait-on subir au raisin pour faire le vin? — Qu'est-ce que l'égrappage? — Comment le pratique-t-on? — Qu'appelez-vous foulage? — De quelle manière procède-t-on au foulage? — Qu'est-ce que le moût? — Qu'appelez-vous cellier? — Quelles sont les différences présentées par la fabrication des vins blancs et des vins rouges? — Pourquoi soutire-t-on les vins? — Qu'est-ce que le marc? — Qu'appelez-vous pressoir? — Quels sont les soins à donner aux vins en tonneau? — Qu'est-ce que la lie? — Qu'est-ce qu'un soutirage? — un collage? — Dans quelles conditions peut-on faire la mise en bouteilles? — Comment fabrique-t-on le cidre?

TRENTE-TROISIÈME LEÇON

LA LAITERIE

202. — Le **lait** utilisé dans les exploitations agricoles est le plus souvent le lait de vache. C'est très rarement que l'on entretient des troupeaux de brebis pour la production du lait.

Les neuf dixièmes du poids du lait sont formés

Fig. 94. — Laiterie.

par de l'eau. En effet, sur 100 parties de lait, on compte de 87 à 88 parties d'eau et de 12 à 13 parties d'autres substances qui forment ce que l'on appelle la matière sèche.

La *qualité* du lait dépend de la composition de cette

matière sèche. Celle-ci est constituée, d'une part, par une petite proportion de matières minérales, et d'autre part par quatre substances spéciales qu'on appelle le *beurre*, la *caséine*, l'*albumine*, le *sucre de lait*.

203. — La matière butyreuse ou **beurre** est formée par des globules de nature graisseuse, nageant

FIG. 95. — Écrémeuse à siphon.

dans le lait après la traite, et qui sont plus légers que le lait.

Si on laisse le lait en repos, ces globules montent lentement à la surface pour y constituer la *crème*. C'est ce que l'on appelle la montée de la crème.

Dans les *laiteries* (fig. 94), on place souvent le lait dans de grands vases en terre où s'effectue la montée de la crème. On se sert aussi de vases larges et peu profonds, appelés *écrémeuses* (fig. 95), dans lesquels la crème monte plus rapidement à la surface, et dans lesquels il est plus facile de la séparer. Enfin on enlève mécaniquement la crème par des *écrémeuses centrifuges* qui séparent complètement la crème du lait.

C'est avec la crème qu'on fait le **beurre**.

204. — Les *barattes* sont les instruments dont on se sert pour faire le beurre, en battant la crème afin de réunir les globules en une masse qui constitue le beurre. La forme des barattes varie beaucoup.

La baratte bretonne (fig. 96) est un vase allongé en bois ou en terre, dans lequel on fait rapidement monter et descendre, par une tige, un piston ou bat-

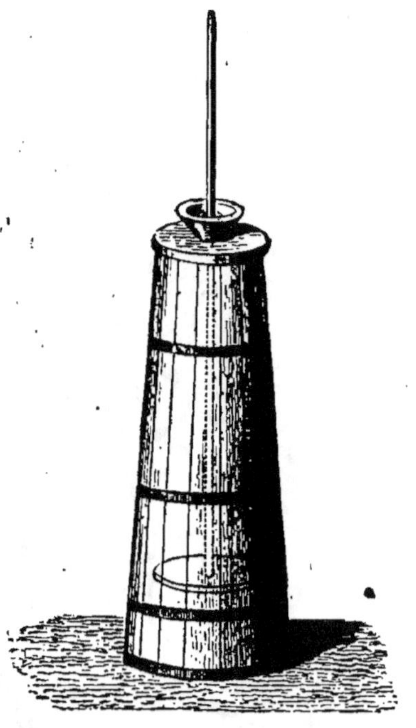

FIG. 96. — Baratte bretonne.

beurre percé de trous. Pour faciliter le travail, on fabrique des barattes dont le piston est manœuvré par une manivelle reliée à sa tige à l'aide d'engrenages (fig. 97). Sous l'action du piston, la crème se prend en une motte qui constitue le beurre.

La *baratte normande* a la forme d'un tonneau (fig. 98); on l'appelle aussi *sérène*. Ce tonneau tourne, à l'aide d'une manivelle, sur deux tourillons. Aux douves de la baratte sont fixées des planchettes dentelées qui battent la crème; on peut les remplacer par des barres de bois fixées à l'axe du tonneau.

D'autres barattes affectent la forme *polyédrique* (fig. 99). A l'intérieur est placé un arbre muni de

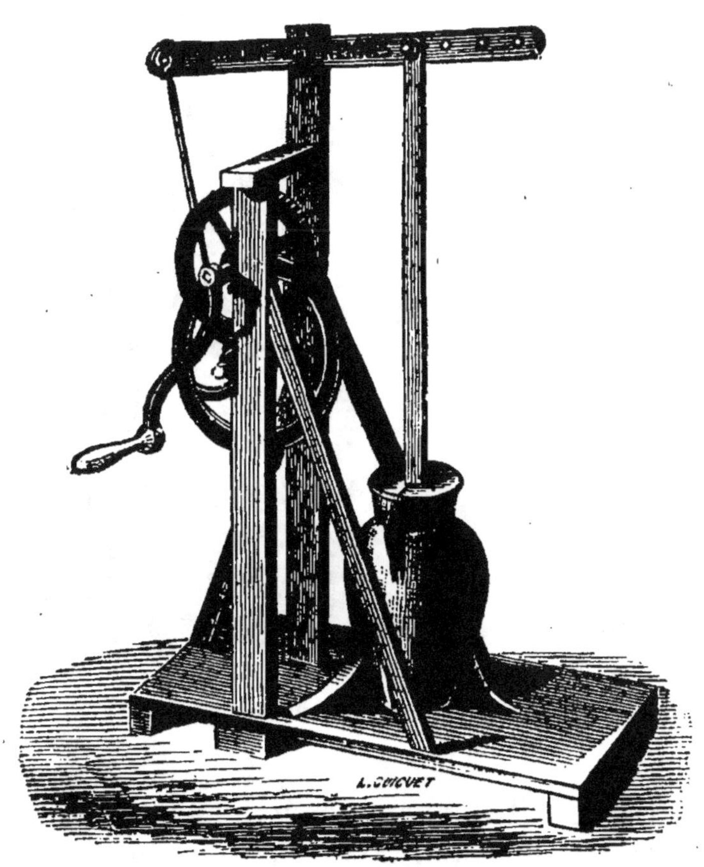

FIG. 97. — Baratte à mouvement accéléré

palettes auxquelles on imprime un mouvement rapide à l'aide d'une manivelle.

Les *barattes danoises*, récemment importées en France, affectent la forme d'un tronc de cône, traversé par un axe vertical tournant, muni de palettes.

205. — On doit toujours laver les barattes à l'eau chaude, avant et après chaque opération.

On pétrit vigoureusement la motte qui sort de la baratte pour en extraire le petit-lait qu'elle renferme. On doit faire ce travail avec des palettes en bois lavées chaque fois, ou même avec un *malaxeur* mécanique, et éviter de toucher le beurre avec les mains.

Une excellente précaution est d'envelopper le beurre, dès qu'il est fabriqué, dans un linge de mousseline fine, afin de le soustraire à tous les agents extérieurs qui peuvent l'altérer.

FIG. 98. — Baratte normande.

Cent litres de lait donnent généralement de 12 à 15 litres de crème, dont il faut 3 litres et demi à 4 litres pour faire un kilogramme de beurre.

On appelle *beurre frais* celui qui sort de la baratte ; après quelques jours, il s'altère et devient rance. Pour le conserver, on y ajoute du sel ; suivant la proportion de sel, le beurre est *demi-sel* ou *salé*.

206. — La **caséine** se trouve en dissolution ou en suspension dans le lait. C'est le principe constituant du **fromage.** Si l'on verse dans le lait frais quelques gouttes de vinaigre ou d'un acide faible, on voit la caséine se coaguler ou se prendre en masse solide. Sous cette forme, elle sert à fabriquer le fromage.

FIG. 99. — Baratte à six pans.

Lorsque l'on fait coaguler du lait non écrémé, la caséine retient une grande partie du beurre, et on a un fromage *gras*. Si l'on fait coaguler du lait écrémé, on fait un fromage maigre.

Les variétés de fromages sont très nombreuses. On les divise en deux grandes catégories : *fromages à pâte molle* et *fromages à pâte ferme*.

Les fromages à *pâte molle* sont ceux que l'on consomme frais. Tels sont les fromages à la crème, de Camembert, de Neufchâtel, de Brie, etc.

Les fromages à *pâte ferme* présentent une consistance solide et une dureté plus ou moins grande; ils doivent ces qualités soit à une pression énergique, comme les fromages de Hollande, du Cantal, de

Roquefort, soit à la cuisson, comme ceux de Gruyère.

207. — **L'albumine** du lait y est en dissolution à la température ordinaire ; elle se coagule sous l'action de la chaleur. Il en résulte qu'elle entre dans la composition des fromages cuits.

Quant au **sucre de lait**, il donne au liquide sa saveur caractéristique. Il reste dans le *petit-lait*, lorsque la caséine a été coagulée.

208. — La *propreté* la plus minutieuse est la première condition pour manipuler le lait.

On doit traire les vaches dans des vases qui ont été lavés avec le plus grand soin. La personne qui trait doit porter des vêtements très propres et avoir les mains bien lavées.

Dans les bonnes fermes de Normandie, célèbres pour la qualité de leurs beurres, la propreté de la laiterie est proverbiale. La fermière y veille avec la plus grande ponctualité.

Les mêmes règles de propreté doivent présider à la fabrication du beurre et à celle des fromages.

QUESTIONNAIRE. — Quels sont les principaux éléments qui constituent le lait ? — Qu'appelle-t-on matière butyreuse ? — Qu'est-ce que la crème ? — Comment fait-on monter la crème dans le lait ? — Qu'est-ce qu'une baratte ? — Comment construit-on les barattes bretonnes ? — les barattes normandes ? — les barattes polyédriques ? — Comment prépare-t-on le beurre qui sort de la baratte ? — Quelle proportion de crème et de beurre le lait renferme-t-il ? — Qu'appelle-t-on beurre frais ? — demi-sel ? — salé ? — Qu'est-ce que la caséine ? — Quels en sont les usages ? — Qu'est-ce qu'un fromage gras ? — un fromage maigre ? — Quels sont les fromages à pâte molle ? — ceux à pâte ferme ? — Qu'est-ce que l'albumine du lait ? — le sucre de lait ? — le petit-lait ? — Quels soins doivent prendre les personnes qui touchent au lait ?

TRENTE-QUATRIÈME LEÇON

LA BASSE-COUR

209. — La **basse-cour** est la partie de la ferme qui sert au logement des petits animaux domestiques. Bien tenue, la basse-cour donne des produits importants, en même temps qu'elle est une dépendance agréable de la ferme.

La basse-cour se compose du *poulailler* qui abrite et renferme les coqs et les poules, du *colombier* qui sert de demeure aux pigeons, du *clapier* dans lequel on élève les lapins.

Le poulailler est la partie la plus importante de la basse-cour.

210. — Le plus grand ordre et une extrême propreté doivent régner dans la basse-cour. Ce sont des conditions indispensables pour une production abondante d'œufs, et pour un élevage prospère, aussi bien dans le poulailler que dans le clapier.

Par la propreté, on éloigne la vermine qui ronge les animaux et on met ceux-ci à l'abri de la plupart des maladies qui peuvent les atteindre.

Le poulailler le plus simple est le meilleur ; il suffit qu'il soit établi, dans un lieu sain, de manière à se nettoyer facilement.

211. — Le poulailler peut servir à abriter, en même temps que les poules et les coqs, les dindons, les canards, les oies.

On le construit le plus souvent en bois, parfois en maçonnerie. Dans tous les cas, il faut éviter les fissures dans lesquelles la vermine trouve à se loger et à se développer.

Le mobilier du poulailler est très simple. Il consiste en *perchoirs*, en *pondoirs*, en *augettes* pour la nourriture, et en petits *seaux* en terre pour la boisson.

On place les *perchoirs*, faits en bois brut, autant que possible au même niveau. On évite ainsi les querelles entre les poules au moment du coucher.

Les *pondoirs* sont de simples paniers en osier. ou des boîtes en bois, mobiles, dont le fond est garni d'un peu de foin. On peut les nettoyer facilement. Un seul pondoir suffit pour une dizaine de poules.

FIG. 100. — Couveuse artificielle.

212. — Quand il s'agit de faire couver les poules, on les parque dans une chambre isolée. On place les œufs à couver dans des paniers dont le fond est garni de paille. On donne à chaque couveuse autant d'œufs qu'elle peut en tenir couverts par son corps.

Depuis quelques années, on construit des *couveuses* artificielles pour faire éclore les œufs sans

l'intervention de la poule. Ces appareils consistent
(fig. 100) en boîtes à tiroirs dans lesquels on place

FIG. 101. — Poulailler isolé.

les œufs ; la chaleur vient d'étuves à eau chaude

FIG. 102. — Poulailler adossé à un mur.

placées entre les tiroirs. La régularité de la chaleur
est la condition du succès.

213. — Lorsque l'on veut isoler les poules, les

empêcher d'errer dans la cour de la ferme, on en-

FIG. 103. — Poulailler roulant.

toure le poulailler d'une clôture assez élevée pour
que les poules ne puissent pas la franchir. On se

sert, à cet effet, avec avantage de clôtures en fer.

On peut placer isolément le poulailler entouré de sa clôture (fig. 101), ou l'adosser à un mur (fig. 102).

On appelle *parquet* l'espace dans lequel les animaux sont ainsi renfermés. Une couche de sable recouvre la terre.

Dans quelque condition qu'on le place, il faut que le poulailler soit pour les animaux un logement dans lequel ils se trouvent à l'abri des excès de chaleur et de froid, et surtout à l'abri de l'humidité, qui est toujours nuisible à leur santé.

214. — Il peut être avantageux de conduire les poules dans les champs labourés, où elles font la chasse aux insectes et aux vers blancs dont elles sont très avides. A cet effet, on construit des *poulaillers roulants* (fig. 103), qui consistent en une caisse en bois montée sur roues ; une petite échelle sert à donner accès à la porte.

On met pendant le jour les poules en liberté dans les sillons que la charrue a tracés, et le soir on les rentre dans le poulailler pour qu'elles y passent la nuit.

Si on leur donne peu de nourriture pendant qu'elles sont dans le poulailler roulant, les poules détruisent un très grand nombre de vers.

QUESTIONNAIRE. — Qu'est-ce que la basse-cour? — Qu'appelez-vous poulailler ? — pigeonnier? — clapier? — Comment construit-on le poulailler ? — En quoi consiste le mobilier du poulailler ? — Qu'est-ce qu'un perchoir ? — un pondoir ? — Comment fait-on couver les poules ? — Qu'est-ce qu'une couveuse artificielle ? — Quel en est l'usage ? — Comment clôture-t-on les poulaillers ? — Qu'appelle-t-on parquet ? — Qu'appelle-t-on poulailler roulant?

TRENTE-CINQUIÈME LEÇON

MAGNANERIES

215. — La *sériciculture* a pour but l'élevage des vers à soie. C'est une des principales occupations agricoles dans plusieurs départements du midi de la France.

Le ver du *bombyx* du mûrier, pour se transformer en chrysalide, file un cocon dans lequel il se renferme. Les fils qui forment ce cocon sont des fils de *soie*, matière textile d'une grande valeur.

C'est en vue de la production de leurs *cocons* que l'on élève les vers à soie.

216. — On appelle **magnanerie** le local dans lequel on fait l'élevage des vers à soie.

La *magnanerie* (fig. 106) est un bâtiment divisé en plusieurs compartiments, dont le plus important est la chambrée, vaste pièce dans laquelle on élève les vers à soie sur des *étagères* ou tablettes en forme de *claies*, faites en roseaux, superposées le long des murs et au milieu de la pièce.

Cet élevage comprend plusieurs opérations distinctes.

217. — Le *papillon femelle* (fig. 104) pond des *œufs*, que l'on désigne souvent par le nom de *graine*. On recueille ces œufs sur des feuilles de papier blanc ou bien des toiles où ils se collent.

Au printemps, on met les œufs dans une chambre d'*éclosion*, où, sous l'influence d'une chaleur assez élevée, ils éclosent rapidement.

On place les jeunes *vers* qui en sortent sur les claies et on les alimente de feuilles de mûrier coupées. Dans la chambrée les vers subissent trois ou quatre mues, espacées par un intervalle de six à

FIG. 104. — Papillon du ver à soie femelle.

sept jours; après la dernière mue, ils sont devenus adultes (fig. 105).

On garnit alors les claies de tiges flexibles de

FIG. 105 — Ver à soie adulte.

bruyère ou de *genêt*, sur lesquelles les vers doivent monter pour filer leur cocon. C'est ce qu'on appelle la *montée des vers*.

218. — Le **cocon** se compose de deux couches

Fig. 106. — Magnanerie.

de soie : la partie extérieure, grossière et enche-
vêtrée, qu'on appelle bourre ; la partie intérieure
qui est la soie proprement dite.

La forme du *cocon* varie suivant les races de vers
à soie. Certains cocons sont *sphériques*, d'autres *cylindriques* (fig. 107), d'autres *pointus*, d'autres
enfin *cylindriques* avec un *étranglement* à leur milieu. Ces derniers sont les plus estimés.

Au bout de vingt à vingt-cinq jours, le papillon
éclôt en perçant le cocon pour sortir. Mais on pré-

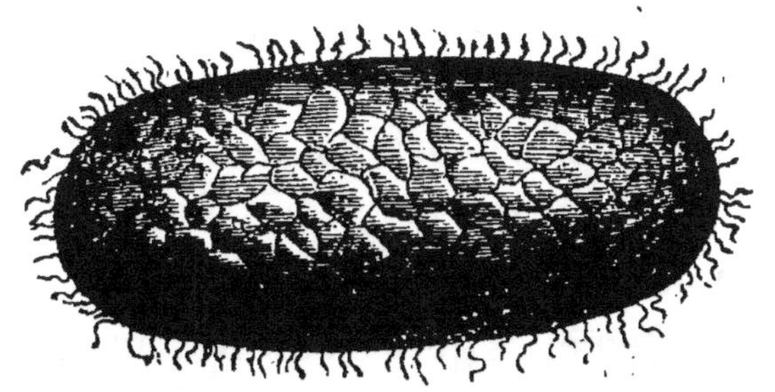

FIG. 107. — Cocon de ver à soie.

vient son éclosion en l'étouffant. L'*étouffage* consiste à tuer la chrysalide en soumettant le cocon à
l'action d'une chaleur élevée. On ne conserve que
la quantité de cocons nécessaire pour obtenir des
reproducteurs destinés à produire de la graine.

219. — Pendant les phases de l'élevage, on doit
tenir les vers à soie avec une très grande propreté
et ne leur donner que de la feuille de mûrier bien
fraîche, et non gâtée par l'humidité.

Malgré ces précautions, les vers sont souvent at-
teints par des *maladies* graves, dont quelques-unes

sont épidémiques et ont fait péricliter la production de la soie en France.

Les principales sont la *pébrine* et la *flacherie*.

La **pébrine** ou gattine est caractérisée par la formation, sur le corps des vers, de taches dont l'extension entraîne leur mort.

La **flacherie** est due au développement, dans les intestins des vers, de petits êtres ou vibrions qui, en se multipliant, les font mourir.

220. — Ces maladies sont *héréditaires;* si l'on peut se procurer de la graine de vers sains, n'ayant pas le germe des maladies, on arrivera à en débarrasser complètement l'élevage des vers à soie.

La solution de ce problème a été donnée par M. Pasteur. Elle consiste à ne conserver pour la production des vers à soie que les œufs provenant des papillons femelles qui, examinés au microscope, n'auront pas présenté les corpuscules qui caractérisent ces maladies. C'est ce que l'on appelle le **grainage cellulaire.**

Au grainage cellulaire il faut ajouter la précaution de ne faire l'élevage des vers que dans de *petites chambrées*, afin de diminuer les chances d'épidémie. Il faut, en outre, maintenir la plus grande propreté dans tous les locaux de la magnanerie.

Olivier de Serres.

221. — C'est à **Olivier de Serres** qu'est due l'extension prise au seizième siècle par l'éducation des vers à soie en France.

Olivier de Serres a été surnommé le *père de l'agriculture française*. Né en 1539 à Villeneuve-de-Berg, dans le Vivarais (aujourd'hui département de l'Ardèche), il était propriétaire du domaine du Pradel, qu'il rendit célèbre par les expériences agricoles qu'il y accomplit.

Au milieu des guerres civiles qui désolaient alors le pays, il se livra avec passion à l'agriculture. Le *Théâtre d'agriculture et mesnage des champs*, qu'il publia en 1600, est le premier grand traité d'agriculture qui ait été écrit en France; Olivier de Serres y réunit ses propres observations et celles de ses devanciers.

Frappé des avantages que présenterait l'élevage des vers à soie, alors limité au pays d'Avignon, il planta des mûriers et publia un livre sur ce sujet, sous ce titre : *Cueillette de la soie par la nourriture des vers qui la font*. Il sut intéresser Henri IV à son entreprise ; grâce au patronage du roi, les plantations de mûriers se multiplièrent rapidement.

Olivier de Serres est mort en 1619. On lui a élevé deux statues, l'une à Villeneuve-de-Berg, l'autre à Aubenas.

QUESTIONNAIRE. — Quelle est l'utilité de l'élevage des vers à soie? — Qu'est-ce qu'une magnanerie? — Quelles sont les principales opérations de l'élevage des vers à soie ? — Qu'appelle-t-on montée des vers? — Qu'est-ce que le cocon ? — Quelle en est la forme ? — Qu'appelle-t-on étouffage des cocons? — Quelles sont les principales maladies des vers à soie? — Qu'est-ce que la pébrine ? — la flacherie? — Comment les prévient-on? — Qu'appelle-t-on grainage cellulaire?

TRENTE-SIXIÈME LEÇON

RUCHES ET ABEILLES

222. — On pratique dans beaucoup de fermes l'élevage des **abeilles**, en vue de la production du *miel* et de la *cire*. Mais il n'est pas toujours entouré des soins qu'il mérite.

Les abeilles vivent ensemble, par troupes nombreuses, dans des *ruches*. Les abeilles sauvages choisissent pour demeures des trous dans les troncs d'arbres ou dans les roches. Les ruches leur sont fournies par les hommes.

La réunion de plusieurs ruches constitue un *rucher* (fig. 108.)

FIG. 108. — Petit rucher.

A l'intérieur des ruches, les abeilles renferment le miel dans des *alvéoles* d'une architecture très régulière, construits avec la cire qu'elles sécrètent. La réunion de deux séries d'alvéoles opposées constitue, dans la ruche, ce qu'on appelle un *rayon* ou un *gâteau*.

223. — Les *abeilles ouvrières*, qui forment la masse de la colonie dans une ruche, n'ont pas d'autre mission que de butiner le miel sur les fleurs, de construire les gâteaux et de remplir les alvéoles de miel. Une seule femelle, désignée sous le nom de *reine*, pond des œufs qui sont renfermés dans les alvéoles d'où ils sortiront à l'état d'abeilles. Les mâles sont appelés *faux-bourdons*.

FIG 109. — Capture d'un essaim.

Après l'éclosion des abeilles, s'il se trouve une mère dans le nombre des nouvelles habitantes de la ruche, il se forme un **essaim**. L'une des deux mères sort de la ruche, suivie d'une partie des ouvrières, et part pour aller fonder une nouvelle colonie ailleurs.

Le propriétaire d'un rucher qui voit partir un essaim, le suit avec une ruche vide dont l'intérieur est garni d'un peu de miel. L'essaim se pose généralement en masse compacte sur une branche d'arbre. Pour le capturer (fig. 109), on avance avec précaution, et, en secouant la branche, on fait tomber l'essaim dans la ruche, où il devient prisonnier.

224. — On construit beaucoup de modèles de ruches. Les anciennes ruches étaient de simples hottes tressées recouvertes de paille, ou des vases coniques en terre cuite ; aujourd'hui les ruches les plus estimées sont les *ruches à cadres mobiles*.

On enlève ces cadres pour faire la récolte du miel, et on les remet ensuite en place ; on évite ainsi de faire mourir les abeilles pour leur enlever leur miel.

Il convient de placer les ruches à l'abri de murs, de haies ou de massifs d'arbres, pour les protéger contre les grands vents.

La récolte du miel se fait le plus souvent en été ou en automne. Il faut éviter d'enlever le *couvain* qui garnit certains gâteaux, et avoir soin, si l'on opère à l'arrière-saison, de laisser une quantité de miel suffisante pour la provision d'hiver des abeilles.

QUESTIONNAIRE. — Pourquoi élève-t-on les abeilles ? — Qu'appelle-t-on ruches ? — Qu'est-ce qu'un rucher ? — Qu'est-ce qu'un alvéole ? — un gâteau ? — Quel est le rôle des abeilles ouvrières ? — des abeilles-reines ? — des faux-bourdons ? — Qu'appelle-t-on essaim ? — Comment capture-t-on un essaim ? — Quels sont les meilleurs modèles de ruches ? — Comment abrite-on les ruches ? — Quand récolte-t-on le miel ?

TABLE DES MATIÈRES

FIN DE LA TABLE DES MATIÈRES

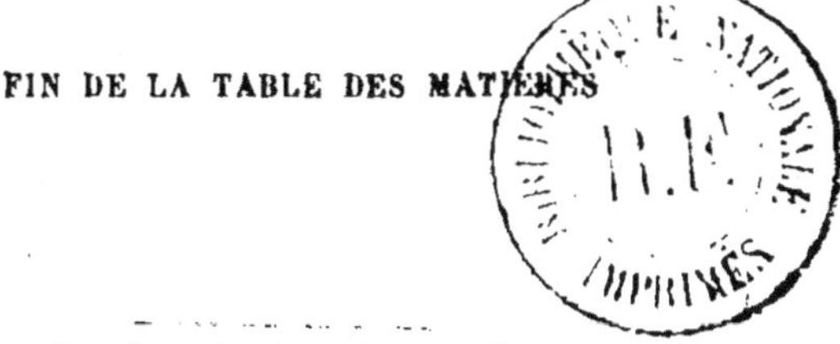

17921. — Imprimeries réunies, A, rue Mignon, 2, Paris.